如何漫游地心

THE TRAVELLER'S GUIDE TO

THE CENTRE OF THE EARTH

Dougal Jerram

[英] 杜格尔 · 杰拉姆 著

那丹妮 译

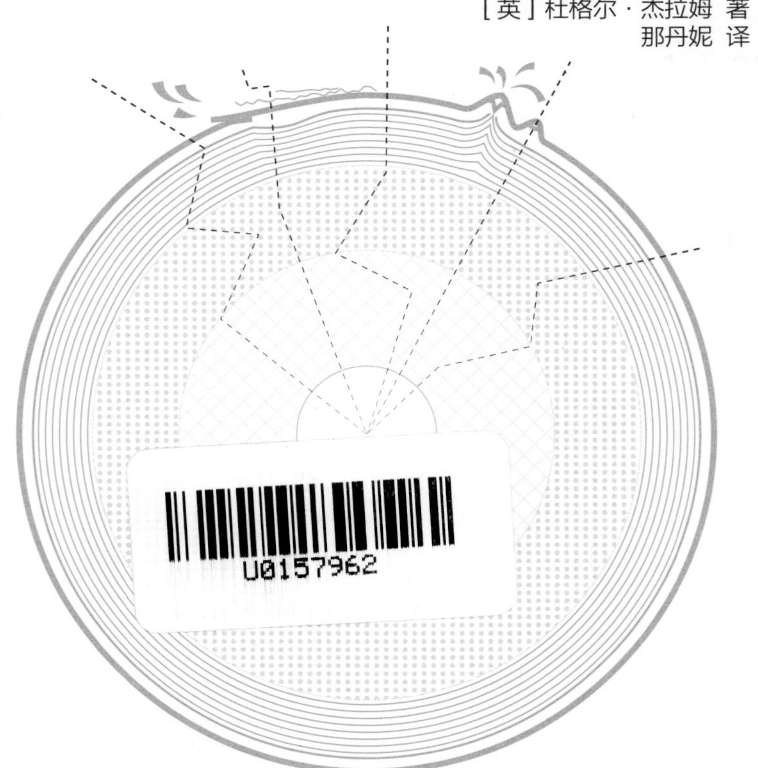

北京联合出版公司 · 紫音
Beijing United Publishing Co.,Ltd.

目　录

“小猎犬号”分离舱
The Beagle-Pod

到达地球中心，这是了不起的成就，为了做到这一点，你将乘坐“小猎犬号”分离舱（Beagle-Pod）去旅行，它就像你的家一样舒适自在。以查尔斯·达尔文（Charles Darwin）著名旅程乘坐船只名字命名的“小猎犬号”分离舱是一种配备了最新隧道技术的终极多功能装备（见左图），它拥有你所需要导航、探索和使用的所有东西，并且一路陪伴你展开史诗般的探险。

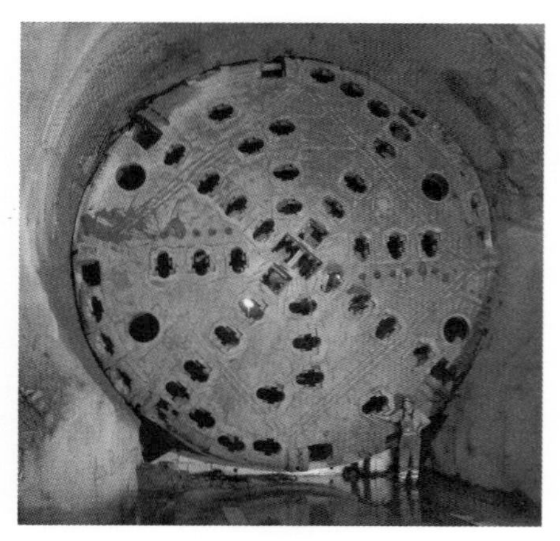

它配备了一套关键的仪表盘，复古风格带给你《海底两万里》场景里的感觉。它用来确定你的位置，及提供周围地区的宝贵信息。开始地心之旅时，你所途经的深度、压力、温度甚至岩石的年龄都会随之显示在仪表盘上。你可以从一系列预定路线中设定你的航程。你可能还想设定一些特殊坐标和地质年代来进行探索。请记住：在探索地心的过程中，你可以随心所欲，为此，“小猎犬号”分离舱是你的重要工具。

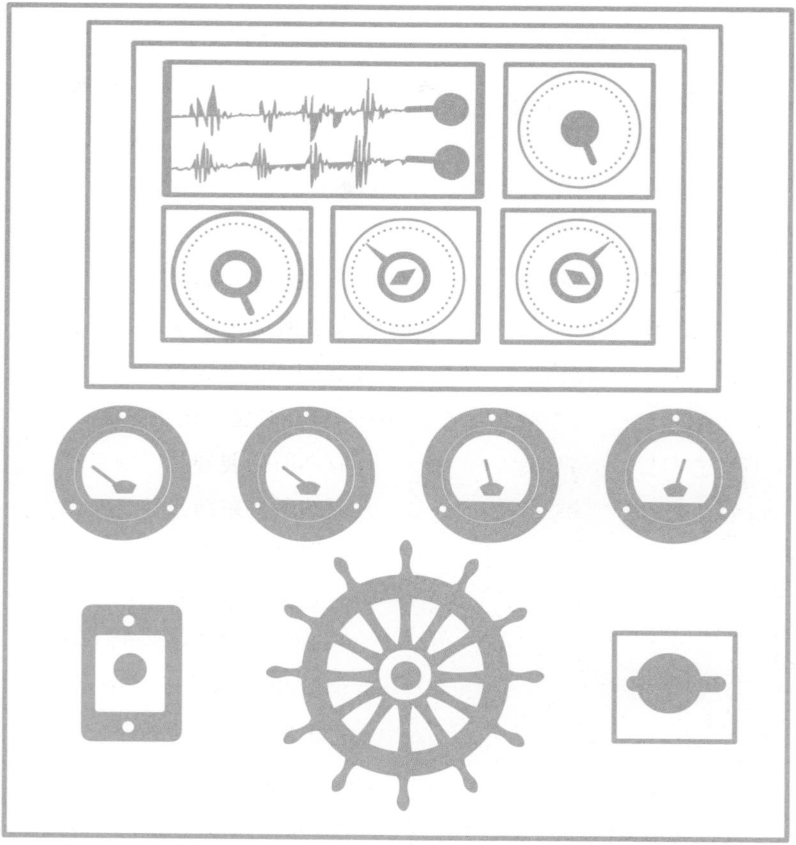

在出发之前，你需要熟悉如何操控“小猎犬号”。从左上角起，我们可以看到：（第一排）地震仪、深度测量仪；（第二排）压力表、速度表、温度表；（第三排）三维位置（三个仪表盘）、能量级别表；（最下面一排）电源、舵轮和助推器

从地壳到地核的整体情况

The Big Picture from Crust to Core

在这个任务中，你会经过地球内部的各个圈层。这将是一个漫长的旅程，沿途有很多值得一看的风景与一些值得探索和了解的好东西。你所要做的第一步是熟悉地球内部圈层。忽略大气和海洋，我们脚下的圈层开始于地壳。地壳可以是大陆地壳，也可以是大洋地壳，它是一个相对较薄的圈层，厚度为 8 ～ 70 千米，仅占地球体积约 1%。

在地壳下面，地球的大部分由地幔（约 84%）组成，其平均厚度为 2886 千米。尽管地核的厚度与地幔相似，从地心到核幔边界的距离约为 3440 千米，但地核仅占地球体积的 15%左右。

正如我们将要看到的，你可以选择从陆地、海洋甚至地球大气层的边缘出发，开始你的旅程。选择的起点不同，你将体验到地壳不同的特性，而旅程的大部分时间，旅行者体验到的都是地幔和地核的部分区域。

当然，你可以拓展一下在地壳部分的旅程，体验一下各种不同的地壳形态。在本漫游指南中，你将获得旅途可能需要的所有背景信息，以及必游景点、必做之事与旅行建议，这些信息将为你提供帮助，指导你一路前往地心，以及而后从那里安全返回。

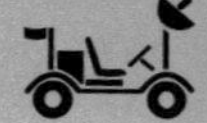

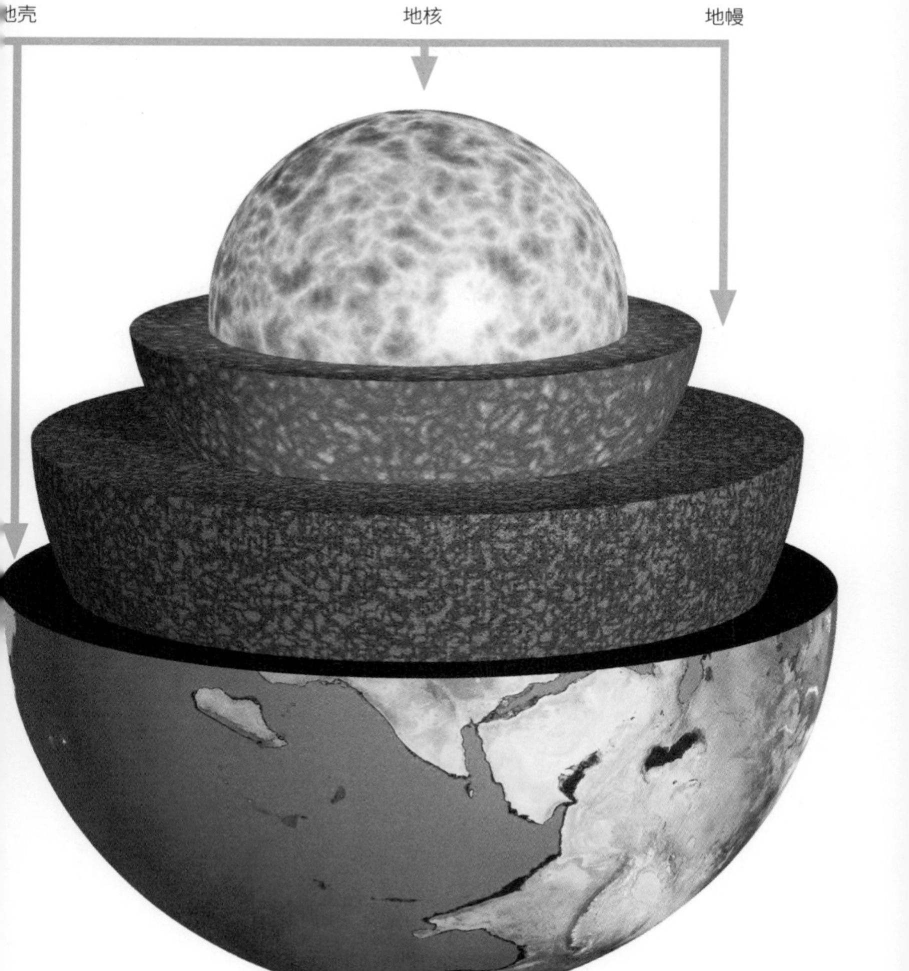

地球的截面展开图

* 本书插图均系原文插图。

深有多深

How Deep is Deep?

你可能会觉得，计算从地球表面到其中心的距离是非常简单的。先计算出地球的直径（也许可以通过绕地飞行得出），然后用它来计算半径。得到答案就是这么快。你会觉得，用学校学过的简单数学足以应付这个问题，对吗？事实证明，得到答案要比这复杂一点儿。

首先，地球并不是一个完美的球体；它更应该被描述为一个“扁球体”，也就是一种略微扁平的球体，它中部（赤道）较鼓、两端（两极）较扁。这意味着赤道处半径约为 6378 千米，而极地处半径约为 6357 千米。

测量地球尺寸时，我们还必须考虑地形造成的数据浮动。从最深的海沟到最高的山脉，地形会有很大变化。在地球这颗星球上，这个浮动范围约 20.4 千米，当中也考虑到了地球的椭球形状。

正如接下来将要看到的，如何开始旅程，以及在何处开始，你可以有很多选择，但是将要走多深的路途，真实答案可能会让你大吃一惊。

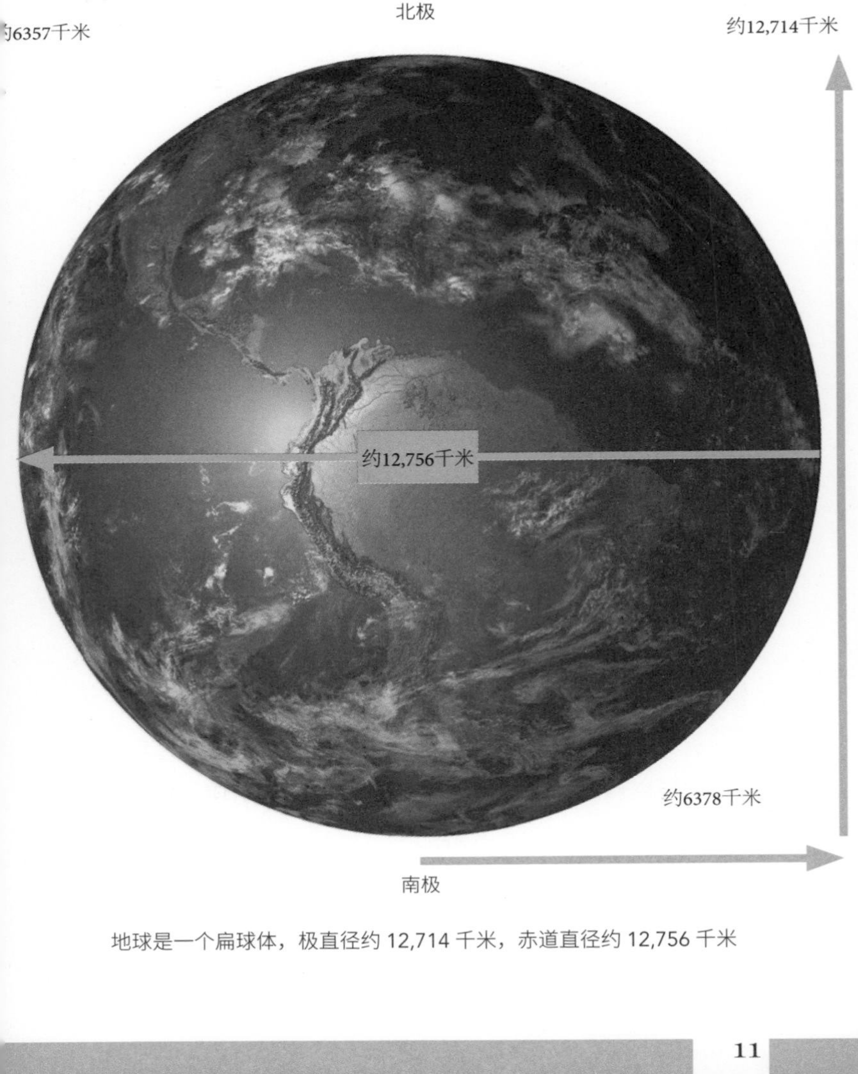

北极

约6357千米

约12,714千米

约12,756千米

约6378千米

南极

地球是一个扁球体，极直径约 12,714 千米，赤道直径约 12,756 千米

地球的“热力发动机”

The Earth’s Heat Engine

地球，以及其表面的所有岩石都源于大约 46 亿年前的熔融物质，地球冷却过程具有复杂的因素。如果地球从那时到现在只是经历简单的冷却过程，那它早就会完全冷却，里里外外都变成固态了。

威廉·汤姆森（William Thomson），后来被称为开尔文勋爵（为纪念他，人们以他的名字命名了绝对温标），计算了

半衰期单位

a =年

b =天

m =分钟

主要元素名

U =铀

Th =钍

Ra =镭

Pa =镤

Rn =氡

Rn-222 3.82 d	←	Ra-226 1600 a

铀 -238 的衰变过程

地球的冷却时间。如果只考虑热辐射，那么地球的冷却时间应该是 30,000 年左右。但是我们知道地球仍在冷却中，冷却已有约 46 亿年，可为什么它还没有完全冷却下来呢？答案在于构成地球的岩石成分。更具体地说，是一组具有特殊属性的元素：放射性元素。它们的衰变在不断地为地球内部提供重要的热源。

铀和钍等元素会随着时间的推移逐渐衰变，这种衰变在每个阶段都会产生热量，因为它是放热反应。这意味着地球拥有自己的“热力发动机”，主要的铀同位素铀-238 的半衰期约为 45 亿年，这是一个可以持续很长时间的过程。

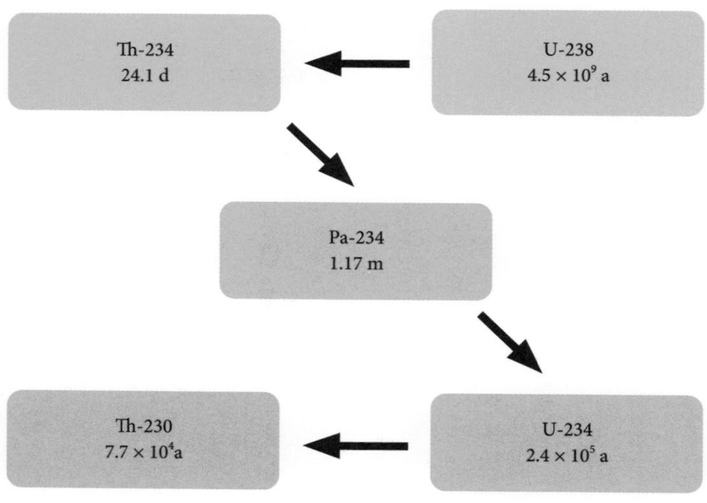

大陆地壳，或是大洋地壳

Crust - Continental or Oceanic?

我们称为家园的地球，表面上有一层薄薄的“皮肤”，这就是我们脚下的地壳。它只占地球体积的不到 1%，但是就是这层地壳，以及它上面的大气和海洋等，才是我们所熟知的。这个薄薄的岩石层可分为两部分，即大陆地壳（我们居住的地方）和大洋地壳（鱼类朋友生活的海洋底部）。

大陆地壳的厚度范围为 25 ~ 70 千米，由富含硅和铝的岩石，以及我们多年来通过采矿过程认识和获得的所有好东西组成。大陆地壳形成了我们的山脉、山谷、悬崖和平原，并在风化作用和板块运动的影响下不断变化。大洋地壳要薄

得多（8 ~ 10 千米），但占据了地球表面的 70% 左右。它也是地球上所有新地壳形成的地方。因为是在水下形成，所以顶部会有像一堆摊开的垫子一样的奇怪熔岩流，被称为“枕状玄武岩”（见对页图）。

你生活在这里！

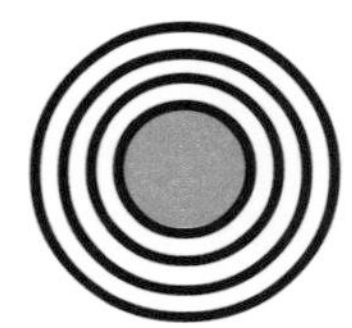

地　幔

The Mantle

地球内的第二个主要圈层是地幔。这是迄今为止体积最大的一层，约占地球体积的 84%。它大致分为上地幔和下地幔，但是在这些层的内部和外部还有其他的层和结构组成了这个巨大的结构。

上地幔的顶层叫岩石圈，除了一部分位于地幔中，这一

地幔

层厚度一直延伸到地壳顶部；其下是软流圈，以塑性方式活动。下地幔的范围是地下约 650 ~ 2900 千米，深至核幔边界，强度稍高，岩石中富含镁和铁。

你前往地球中心的旅行中，相当一部分时间将花费在穿越地幔上。尽管地幔的大部分都是相对同质的，但还是要留意一些注意事项，你需要为长途旅行做好准备。

穿越地幔并不意味着仅仅是从上到下一路直行。在旅程中，你可以停下来看一看已发现的一些关键圈层，例如低速层，还可以沿着上升的热流和沉降流行进，它们是驱动地球表面板块构造运动的巨大动力的一部分。

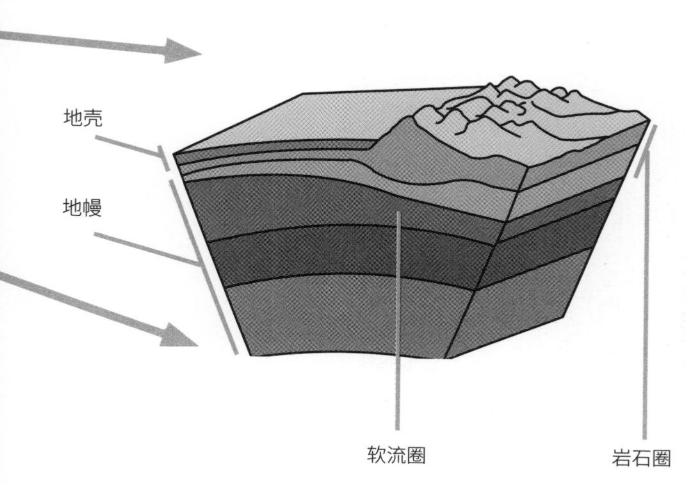

地幔的截面图，向地球内部深至 2900 千米；其上的地壳厚度为 8 ～ 70 千米

地　核

The Core

就探索地心而言，地核是你最终的目的地。它往往被设想为处在地球中心位置的一个炽热熔岩球。通常认为，地核是地球形成磁场的原因，并可能导致磁极反转。

地核很神秘，它不仅炙热，还有部分是液体（在外核中）、部分是固体（在内核中）的惊人特性。地核的半径与

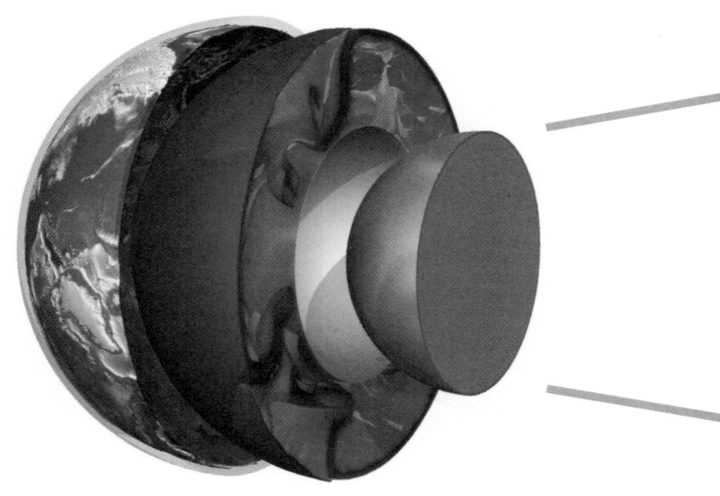

整个地球……

地幔厚度近似，但要略厚一些，为 3400 千米，但它仅占地球体积的 15%。

多年来，地核已成为一些标志性电影（也有一些相当糟糕的电影）中人们考虑的焦点，它会为你带来些什么呢？正如我们将要看到的那样，那里很热，并且压力巨大。

你将会体验到在任何其他地方都不会经历的极端情况，但不要担心：在旅程中，一定会有一系列安全措施。地核富含铁和镍铁合金，也可能含有少量其他金属，如金和铂。

那里真如传闻中所说吗？我们将让你成为评判者，因为你可以带回属于你自己的地核样本作为地心之旅的纪念品。

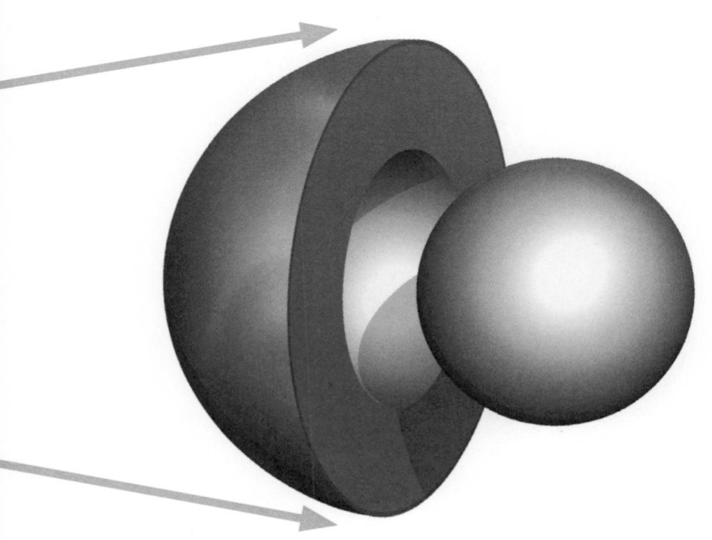

……你最终的目的地，地核

对流星球

A Convecting Planet

的确，这个世界没有停滞不动，而且我们所谈论的也不是日常生活的喧嚣。正如我们所看到的，地球内部仍在产热，因此，随着试图冷却自己，它会缓慢地移动。

这就像一盏稳定移动的巨型熔岩灯，地球正在对流，将热量移动到远离核心的地方。这种现象的结果我们可以在热点和热流柱，以及由板块构造形成的山脉和深深的海沟中看到。

地壳就像沸粥表面的油皮，它呈现出的褶皱和弯曲，还有出露的上升热柱，都是地球内部对流的外显。如果能拍摄一个地球内部的对流三维图，你会看到奇妙的景象——地球看起来像一盏熔岩灯。有热的上升区、冷的沉降区和打旋的混合区。

这些驱动着地球的地表活动，帮助建造了山脉，形成了火山，并最终塑造了大气层。正如大家将在本漫游指南中看到的，驾驶“小猎犬号”围绕着地球对流的内部探索时，你将面临许多选择，甚至可以将内部对流的一部分作为你的入口和出口。

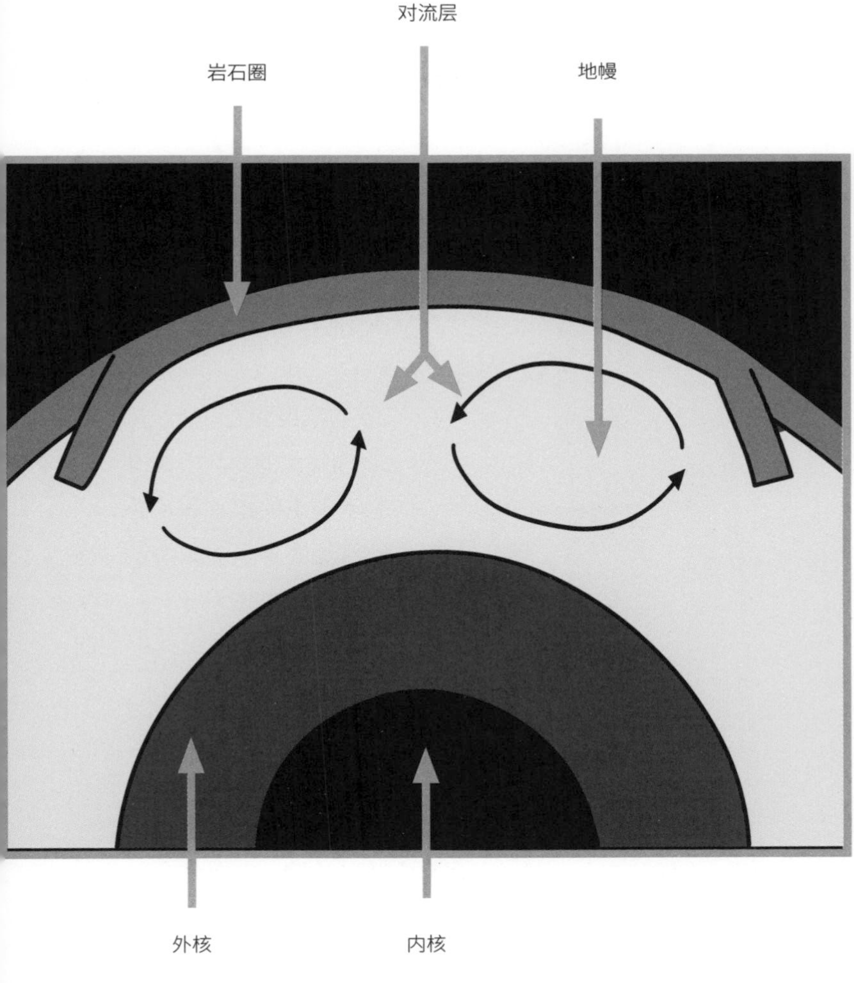

对流层

岩石圈

地幔

外核

内核

在旅程中，你将体验到地幔中令人难以置信的熔岩灯式对流旋转

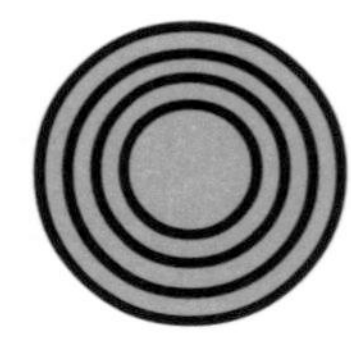

岩石圈盖

The Lithospheric Lid

你可以把岩石圈盖看作包裹住地球炽热内部的外套。地球的大洋地壳和大陆地壳实际上都紧贴着地幔上部。

由地壳和地幔共同组成的固体层被称为岩石圈，它位于上层，其下是软流圈和下方更深处的地幔。岩石圈盖是地球

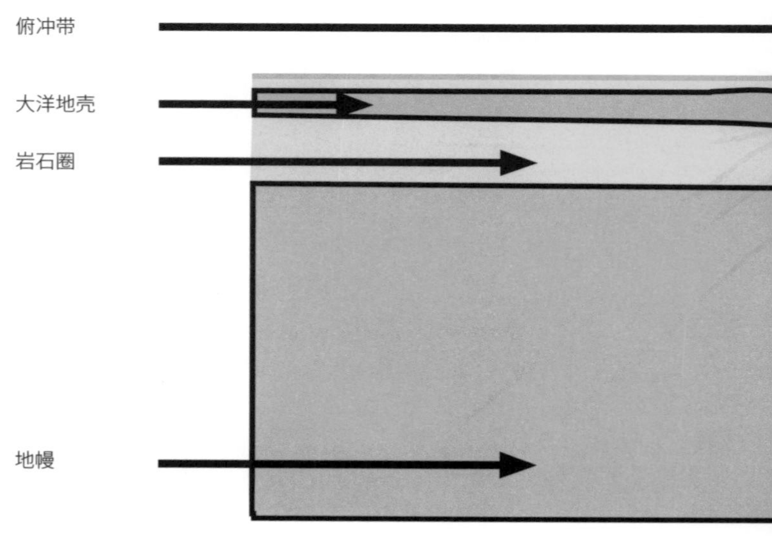

俯冲带示意图

上与软流圈顶部缓慢、稳定运动相关的部分。

这个重要圈层的厚度是 60 ~ 120 千米，具体厚度取决于其上是大洋地壳还是大陆地壳。在大洋中脊处，岩石圈盖会比大洋地壳薄。岩石圈底部有一个部分呈熔融状态的“低速”地幔带，即软流圈，经过这里的地震波会受到影响，并且在这里发生地球内部的熔融。

岩石圈中还有一个重要圈层，它标志着地壳和地幔的相接位置，称为莫霍面，我们将很快在本漫游指南中参观它。

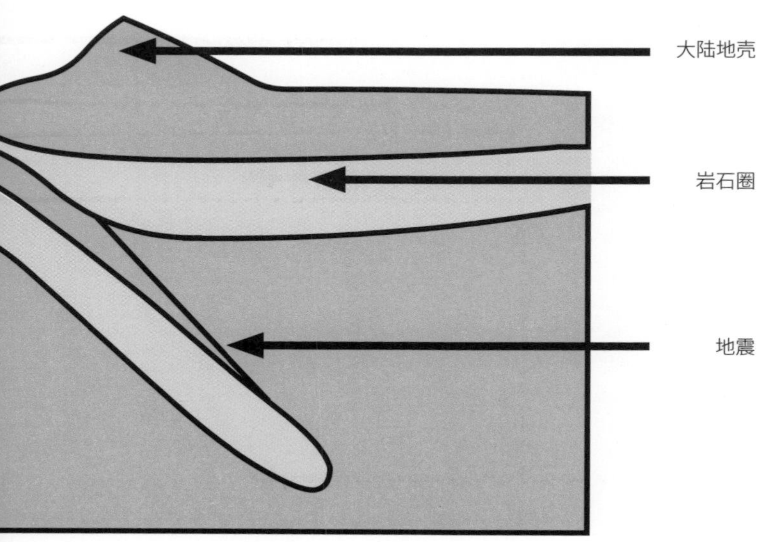

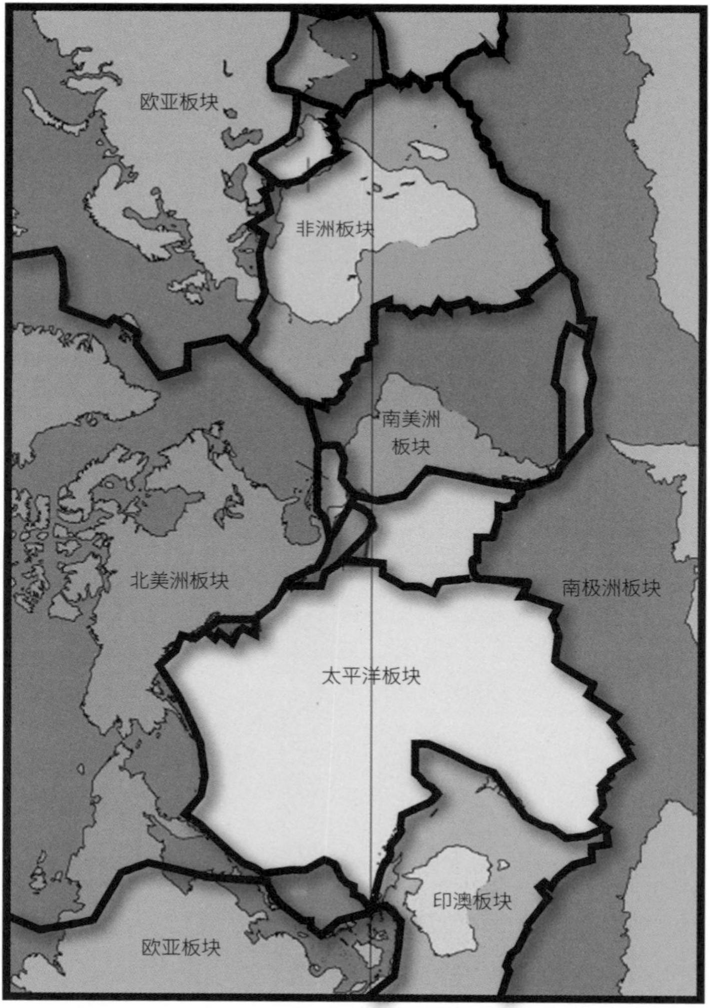

世界板块示意图，标出了一些主要板块

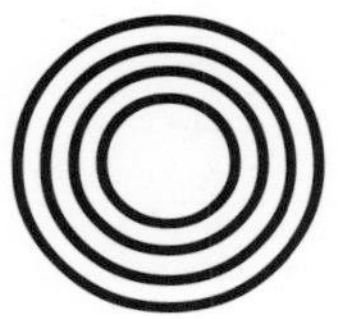

板块构造

Plate Tectonics

地球表面由相对刚性的区域组成，这些区域被称为“板块”。当地球试图冷却的时候，这些板块就是漂浮在这个对流行星上的固体部分。它们要么是由大洋地壳组成，要么是由大陆地壳组成，并受主要接触带的约束，这些接触带在地球表面表现为山脉、海沟和大洋中脊。

板块构造学说是建立在大陆漂移学说和海底扩张理论（我们将随后探讨这两个理论）基础之上的，近些年来，人们把这两个理论结合了起来。随着对地球对流的理解，我们更清楚地了解了地表板块构造大规模运动的图景。

这些板块今天仍很活跃，就像在地球的大部分历史时期中一样。地壳是岩层构成的，而导致这些岩石的构造过程的许多现象也是板块活动带来的。

踏上旅程时，你将能够看到这些结构，了解它们是如何从地幔深处被驱动的。你还能够探索一对显著的关系，即板块边界位置与地球上大多数火山和地震位置之间的关系，稍后都将在本漫游指南中看到。

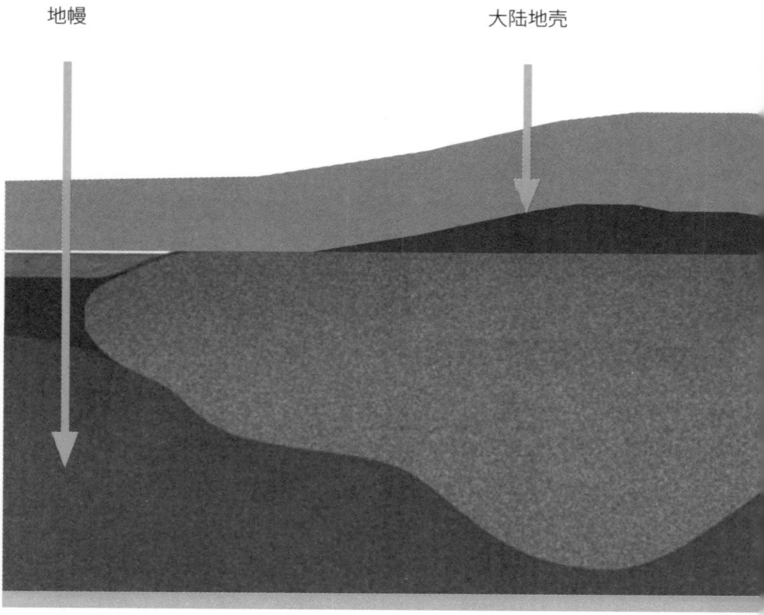

地幔

大陆地壳

发现莫霍面

Discovering the Moho

一个位于地表下方 7 ~ 35 千米的特殊圈层标志着地壳到地幔的过渡，这就是著名的莫霍洛维奇间断面，简称莫霍面。你会发现莫霍面在大洋地壳之下的位置较浅，在大陆地壳之下位置较深，而且岩石性质在这一层也发生了改变。莫霍面是由克罗地亚地球物理学家安德烈·莫霍洛维奇（Andrija

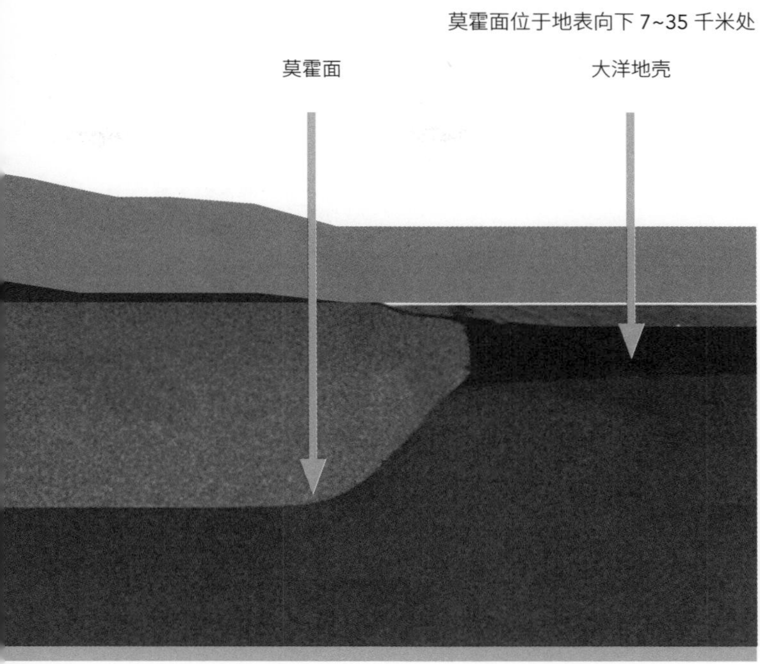

Mohorovičić，1857 — 1936）发现的。莫霍洛维奇在工作期间使用了若干先进的地震仪器，这让他注意到一些地震产生的地震波到达仪器的速度比预期的要快得多。

他得出的结论是，地震发生在地球最上层（地壳）时会产生地震波，其中部分波会穿过位于更低位置的“较快”层（地幔）。在此过程中，他界定出了地壳和地幔的边界。这层分界面的存在后来得到了其他研究的证实，并以这位现代地震学伟大先驱的名字命名为莫霍洛维奇间断面。

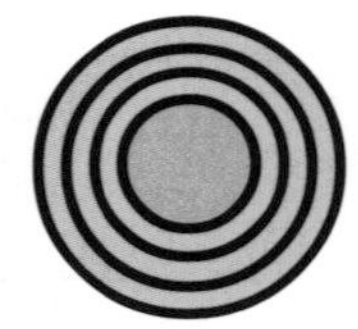

双核记

A Tale of Two Cores

地核不是一个而是两个：一个是液体的，另一个是固体的。这是一个关于地核的谜，但我们究竟是如何发现地心真实情况的呢?

1906 年，英国地质学家理查德·奥尔德姆（Richard Oldham）观察了地震时地震波穿过地球的方式。他意识到地震波一定是受到地球内部一个致密物体的影响，从而有所偏转，通过得出这一结论，他确定了地核的存在。不久之后，他发表了一篇具有里程碑意义的论文《用地震学方法揭示地球内部构造》，但到此时，他的观测尚未揭示出地核是液态的还是固态的。奥尔德姆等人猜想地核可能非常致密，是由铁构成的。

由于我们现阶段无法探索地球极深处（但你将在探险中有所尝试），地核的确切性质、所处深度以及地球上这个致密体到底是什么的争论仍在继续。

但是，穿过地核的地震波揭示出一定有液体存在。因为没有横波（S波）通过，[1]所以现阶段人们认为存在一个完全液态的地核仍然是可能的。有些人认为地核是致密的液体物质，另一些人则表示强烈反对，认为它是致密固体。

---

1 横波不能通过液体传播。

人物小传

理查德·奥尔德姆

二十多岁时，理查德·奥尔德姆在喜马拉雅山脉处与印度地质调查局共事。他撰写的 1897 年阿萨姆邦地震的详细报告中描述了基德南断层，表示该断层急剧隆升的高度达到 10.6 米，还报告了超过地球重力加速度的地面加速度。他鉴别出了震波图上的纵波（P 波）、横波和表面波是分别到达的。

英格·莱曼

关于地核性质和结构的另一个重大发现是由丹麦科学家英格·莱曼（Inge Lehmann）提出的。她仔细研究了 1929 年新西兰地震的数据，发现穿过地核的地震波（纵波）受到地核内的另一个物体“内核”的影响产生偏转，这最终揭示了一定有两个地核，一个是固态的，另一个是液态的。

地球各圈层的字母表

The Alphabet of Earth’ s Layers

地球各圈层的命名是随着时间的推移和不同的发现一点点改变而来的。最简单易懂的方法似乎是从字母表的 A 开始表示，穿过的圈层依次按照字母表顺序标记。这种方案确实被用来帮助定义地球内的密度分布，起点的地壳用字母 A 表示，而作为结尾的内核用字母 G 表示。

以上是新西兰地球物理学家基思 · 布伦（Keith Bullen，1906 — 1976）使用的结构标记法，他对地球密度分布很感兴趣，将地球各层从 A 到 G 排序，如对页图所示。这些标记基于地球结构中的主要密度变化。但这种分层定义没有完全经受住时间的考验，因为它不够复杂。

然而，随着下地幔中一个复杂圈层的发现，使用字母 D 标记下地幔使分层定义有了希望：科学家采用 D' 标记下地幔的主要部分，用 D" 标记与核幔边界直接接触的圈层。

在这个边界地带的某些不规则现象被认为是由一种钙钛矿的新矿物相——后钙钛矿引起的，这种新矿物相也会影响地震波在此的传递。

因此，当你向下进入地心的时候，请记住地球圈层字母表！

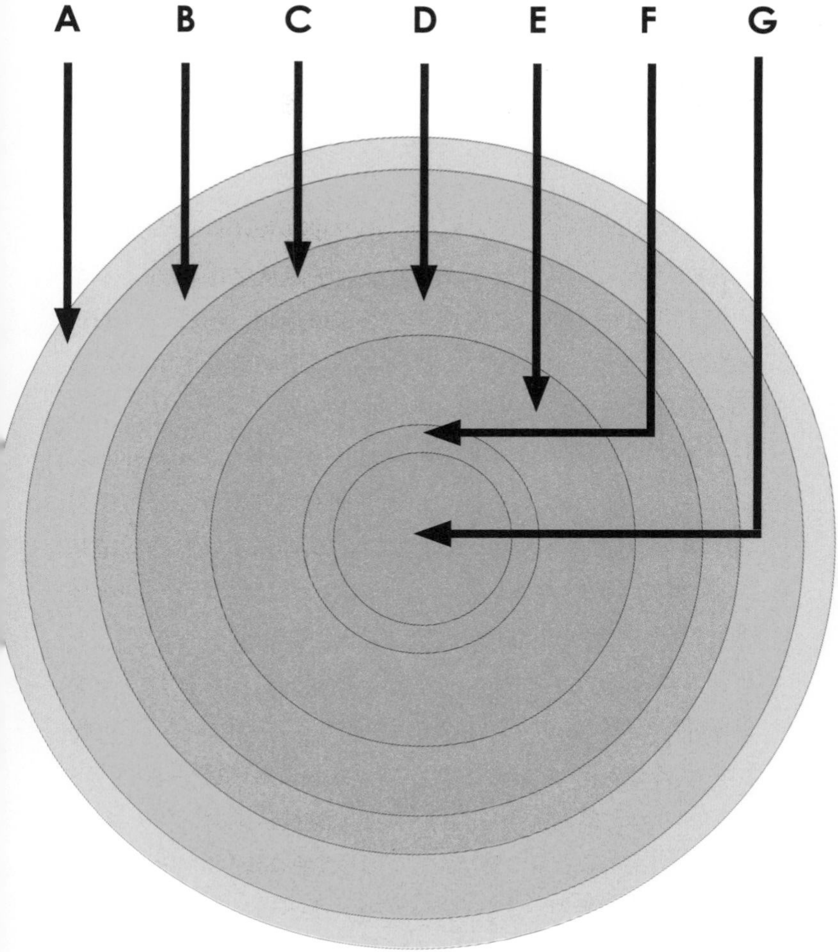

A B C D E F G

布伦的标记始于 A 为地壳；B 为上地幔；C 为过渡区；D 为下地幔；E 为地核外核；G 为地核内核；F 表示 E 和 G 之间的过渡层

地磁反转
Switching the Poles

你知道地磁北极并不总是在北吗？事实上，它曾多次为南，在那时，地磁南极则为北。这听起来很奇怪，但在地球历史上的一些时期，地磁两极的排列发生过互换。这被称为地磁反转，这是热力学、外核流体运动和不断变化的磁场之间复杂的相互关系造成的现象。简而言之，如果处于地磁反转时期，你指南针上的指北箭头将朝向南方。

在过去的 2000 万年里，磁极平均每 20 万 ~ 30 万年就发生一次反转。但上一次反转发生在距今大约 78 万年前。这有力地表明我们可能很快就要经历下一次地磁反转了。岩石记录中会留下非常重要的地磁反转信息。像熔岩流这样的火山岩含有大量的铁，当它们结晶时，富含铁的矿物可以记录下当时的极性情况。

当我们回顾地球的历史时，这些极性反转现象可以用来追溯时间：因为每批新大洋地壳都是由记录下磁极分布的熔岩形成的，所以海底表面记录了板块运动的方式。此外，那些沿着地球自转轴线开启本次旅行的人会注意到，地极的位置与磁极的位置并不完全相同：磁极随着时间的推移会稳定漂移。

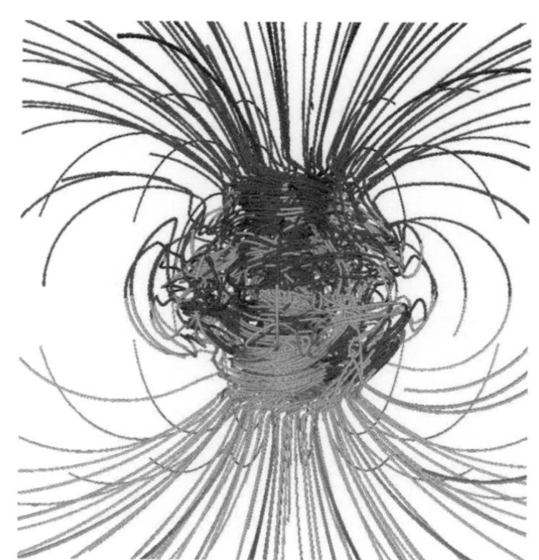

地磁反转之间的地球动力学图像（上图）
地磁反转时期（下图）

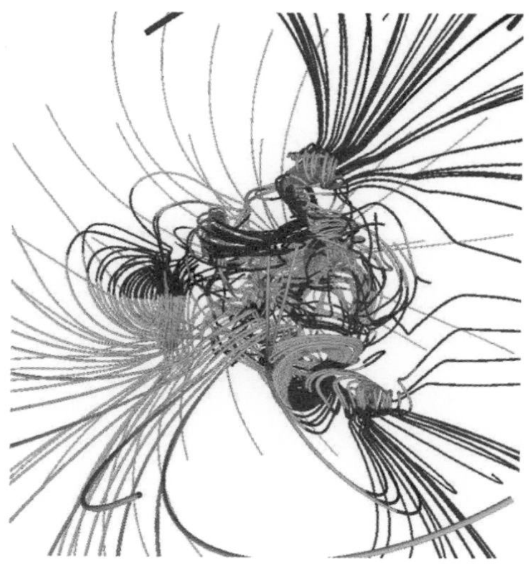

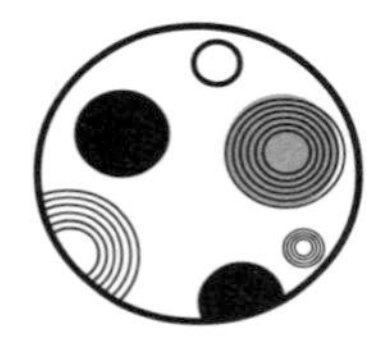

漂移的大陆

Drifting Continents

阿尔弗雷德·魏格纳（Alfred Wegener）于1912年首次提出大陆漂移理论。他设想地球的最上方圈层是在液体核心上缓慢漂移的。早在1596年，亚伯拉罕·奥特柳斯（Abraham Ortelius）就曾提出过这样的想法，他注意到大陆轮廓之间的相似性，并认为美洲是“从欧洲和非洲分离出来”的，大陆漂移的概念是产生现代板块构造理论的种子。

化石记录能够支持并证实大陆漂移和板块构造理论。大陆“拼图”中最具说服力的部分可能是非洲与南美洲轮廓及其地层的匹配。做一次穿越这些大陆两侧岩石的探究之旅，可以证明在空间和时间上都跟这两块大陆曾经连在一起的假说相匹配。

支持这一理论的人最初的日子可不好过，而且魏格纳都没能等到自己的想法得到充分证明就辞世了。英国地质学家亚瑟·霍姆斯（Arthur Holmes）在20世纪20年代后期提出了一个观点，认为如果一颗行星上存在对流传热的过程，就会促进大陆的漂移。到了二十世纪五六十年代，我们对海底扩张不断加深的理解使最后一块拼图就位。

大陆确实漂移了，而且仍然在漂移。在岩石记录中，在海底留下的痕迹中，在巨大的板块构造系统中，都有这种运

动的证据，证明我们星球的表面在不断移动和变化，就像睿智老人脸上的皱纹那样。

魏格纳就是那些睿智者之一，他的理论标志着地球科学时代的开始，在这个时代，人们开始把整个“拼图”的各个部分拼合起来。

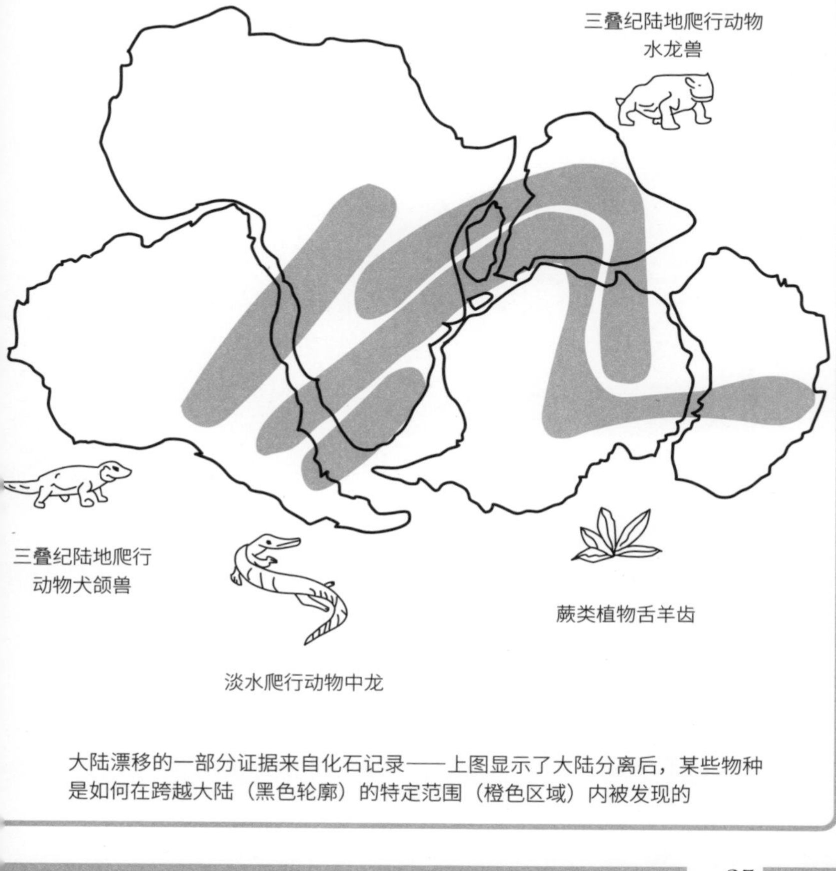

三叠纪陆地爬行动物水龙兽

三叠纪陆地爬行动物犬颌兽

蕨类植物舌羊齿

淡水爬行动物中龙

大陆漂移的一部分证据来自化石记录——上图显示了大陆分离后，某些物种是如何在跨越大陆（黑色轮廓）的特定范围（橙色区域）内被发现的

切换磁条纹

Switching Magnetic Stripes

如果你戴上了能向你展示周围环境不同方面的特殊眼镜，这个世界看起来将完全不同。每个人都对X射线眼镜感到好奇，但如果能戴上磁性眼镜看地球，你就会看到一个显著的特征。沿着海底，直至目力所及的地方，你都会看到奇怪的条纹。

这种现象之所以存在，是由于磁极的变化以及大洋中脊附近有新洋壳不断产生。每当地球的磁极反转，形成的新洋

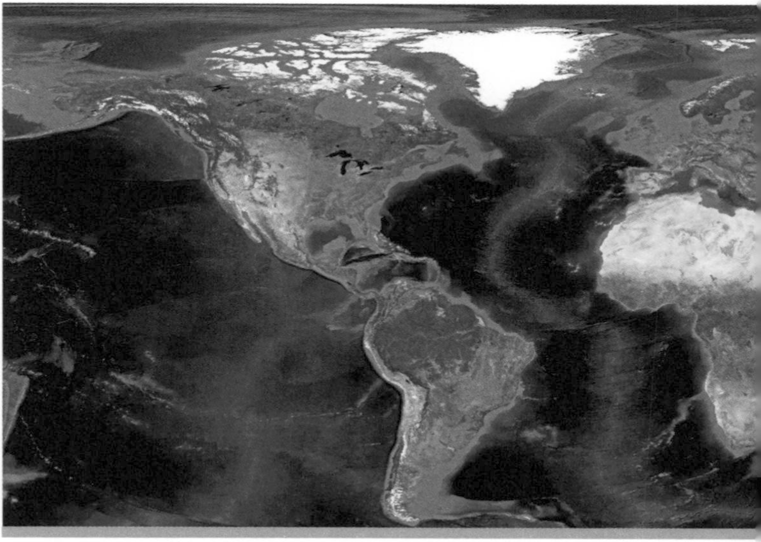

壳就会呈现出新的极性，当用磁视觉观察，从中脊处的新洋壳移动到更远的老洋壳时，你会观察到这种变化。英国科学家瓦因（Vine）和马修斯（Matthews）于 1963 年首次提出这一理论，该理论后被称为瓦因 - 马修斯 - 莫莱假说，该名字也承认了独立提出此观点的加拿大地质学家劳伦斯 · 莫莱（Lawrence Morley）的研究成果。

扩张的海底

海底扩张这一现象也是一个重要的观测结果。这是美国海军前上尉哈里 · 赫斯（Harry Hess）于 20 世纪 50 年代首次提出的一种理论，他认为洋壳一定是横向移动的，在逐渐远离长且火山活动频繁的洋脊。

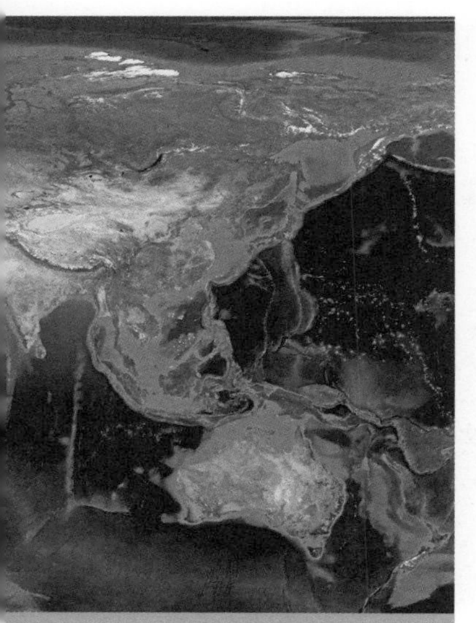

这一想法最终证明是正确的，从而有力地支持了板块构造理论。在左图中，大洋岩石圈的年龄用阴影表示。海洋的颜色越深，表明岩石圈越古老，其年龄范围从最近形成的海底部分（大洋中脊处）到大约 2 亿 ~ 1.8 亿年前形成的部分不等。

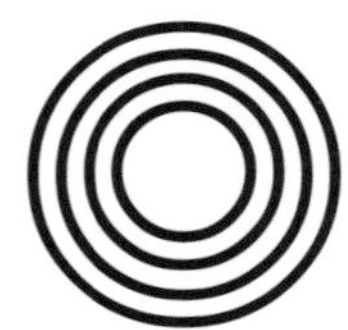

板块边界的类型

The Types of Plate Boundary

我们地表地形的许多奇观都是板块边界的类型和动力学造就的结果。它们控制着我们的山脉、火山和地震的位置，也为你提供了一些进入地壳和地幔上部的不同选择。地壳移动分开的边界被称为“离散板块边界”或“裂谷”。在这里，软流圈靠近地表，岩浆作用形成了新的地壳。

“汇聚板块边界”是指一个板块俯冲到另一个板块之下（形成海沟），或两者相互碰撞形成地壳的变形缩短抑或引发岩浆作用（形成山脉）。这些都是特别有趣的研究领域，比如你就可以选择沿着板块向下俯冲的区域深入地壳。

其他形式的板块边界包括“剪切板块边界”，即板块相互错动。这就形成了像圣安德烈亚斯断层的地带，并可能导致一些非常剧烈的地震。

入门指南
Getting Started

开始是工作中最重要的部分。

柏拉图（Plato）

入门指南

Getting Started

世界很大，我们在地球表面上看到的仅仅是薄薄的一层，它掩盖了下面丰富的信息。虽然你已经选择了去地球中心旅行，但是在出发前有很多事情要考虑：不仅仅是想要在途中看到的东西，还要有一个计划，比如你想从哪里出发，完成地下探险后你想从地球另一端的哪里冒出来。

规划路线时你会非常兴奋，因为世界尽在你的掌握之中。然而，这里也有一些推荐路线和行程，可以帮助不知所措或拿不定主意的漫游者规划去往地球中心和返回地面的旅程。

在世界地图上，你可以选择任意你想要的入口和出口，但是在后面的内容中，我们将探讨一些参考项，有的地点易于访问，有的地点会让你多走一点儿，以达成其他一些漫游目标。

我们会提供一些线索，引导你深入研究这个星球。虽然这些只是众多选择中的一部分，但可能有助于你朝着正确的方向前进。

对页图：抵达地心的路线众多，和漫游者一样多

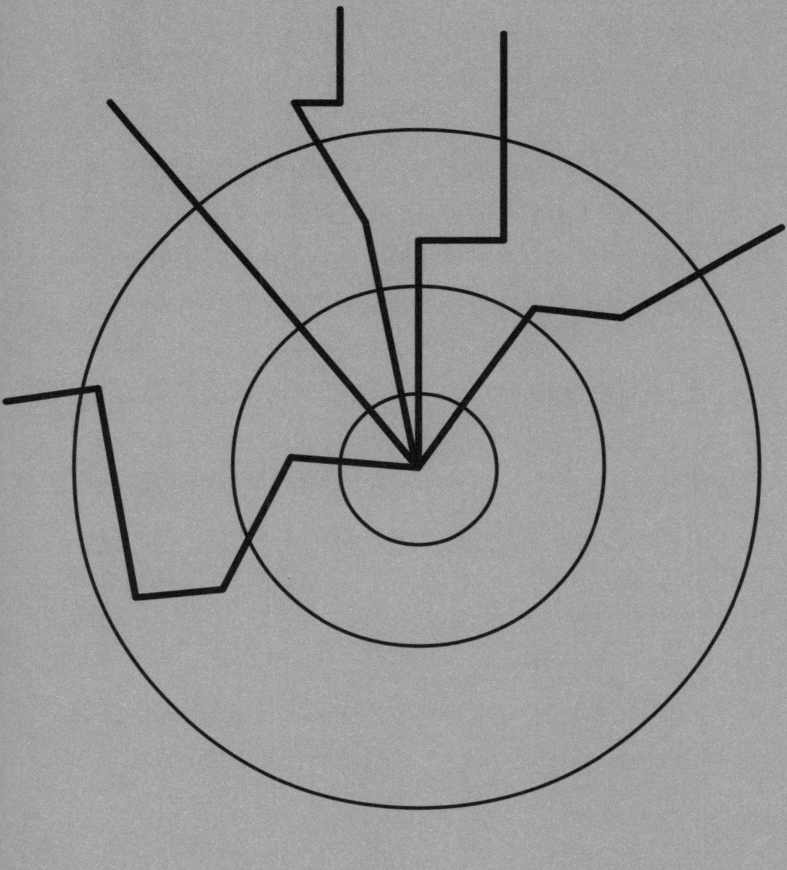

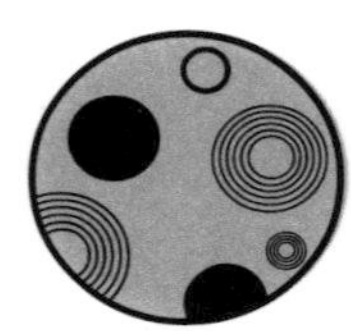

经典火山路线

The Classic Volcanic Routes

探索地球中心需要一个入口，还有什么比钻入火山口更合适的呢？在一些神话中，火山口被称为“地狱之门”，但实际上，这提供了一条通往地球内部的快速通道。在经典著作《地心游记》中，儒勒·凡尔纳（Jules Verne）让冒险家们通

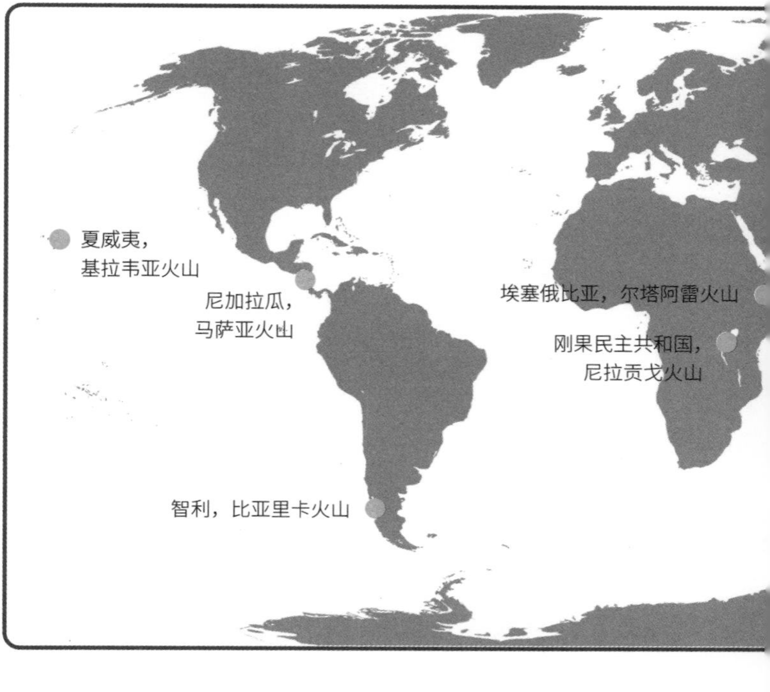

过冰岛的斯奈菲尔火山进入地球深处。事实上，冰岛有许多更好的火山位置，且如果在全球范围内寻找活火山，你会发现更多选择。

在地球活跃的熔岩湖中有一些是不错的火山入口。这些火山要持续活跃但也要足够平静，可供漫游者安全进入地球内部。只有为数不多的火山符合这一标准，其中一些几十年来都有活跃的熔岩湖。这些熔岩湖中最古老、最有代表性的是埃塞俄比亚的尔塔阿雷火山，这是地球上最早的“地狱之门”，当地的阿法尔人就是这么称呼它的。还可以选择从智利靠近火山基底的温泉小镇普孔出发到达比亚里卡火山，沿着它向下走，漫游者可以轻松地进入地球内部。夏威夷基拉韦亚火山和南极洲埃里伯斯火山提供了两种极端环境下的熔岩湖。而刚果民主共和国的尼拉贡戈火山和尼加拉瓜的马萨亚火山的熔岩湖则提供了更多通往地心的热带火山路线。无论选择哪座火山，你都将通过一个相当壮观，也相当炎热的入口进入地球。

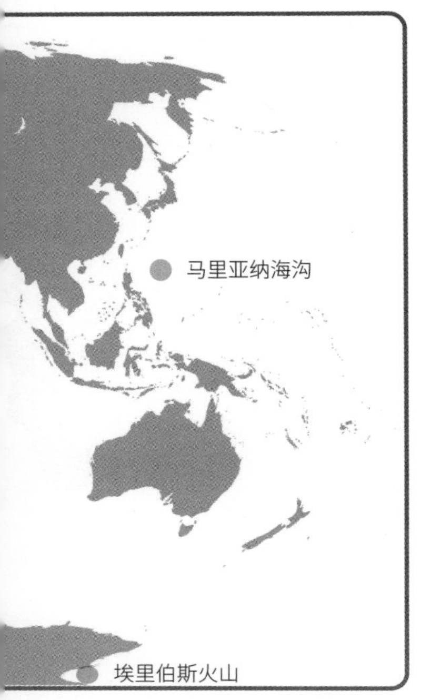

穿过大洋深处
Through the Ocean Deeps

还有一种进入地壳的常见选择是先到达海洋的最深处。比如到达挑战者深渊，此处位于太平洋的马里亚纳海沟（见上页图）。在这里，大洋地壳的一部分俯冲到了另一部分的下方。

在到达挑战者深渊的底部之前，你将在海洋中下沉近11,000 米。到达这个深度，压强已超过 1000 巴[1]，温度只有

1960 年，“小猎犬号”的前身——深潜器“的里亚斯特号”成为第一艘到达马里亚纳海沟底部的载人潜水器

1 1 巴 =100,000 帕。

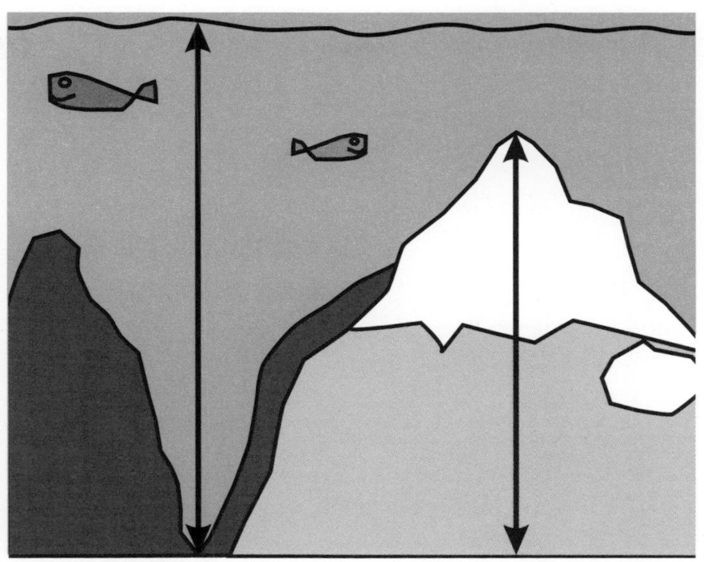

挑战者深渊的底部在水面以下约 11,000 米。与之相比，珠穆朗玛峰海拔高度约 8848 米，比前者还少了约 2152 米

1 ~ 4℃，不过“小猎犬号”分离舱的防护罩在任何时候都将保证你的安全。有些人错误地认为从马里亚纳海沟出发是通往地心的最短路线，然而事实并非如此，因为地球并非完美的球形。

地球的形状是一个扁球体，即两极处比赤道处更接近地心，这就意味着北冰洋最深处可能比挑战者深渊更接近地心 13 千米。从这一地点进入的话，你可以沿着较冷的俯冲板块——这是地球内部对流的一部分——向下前往地心。

最长的入口

The Longest Entry

走尽可能长的路线从地表到达地心也很吸引人。所以你也可以登上珠穆朗玛峰的峰顶，也就是海拔最高的地方，从那里开始旅程。

但事情并没有那么简单。事实上，你的直线最长旅程并不会从珠穆朗玛峰那个令人兴奋的高度开始，而是在一个更靠近赤道、更炎热的地方。就像海洋中最深的海沟底部不一定是离地心最近的地方一样，海拔最高峰的峰顶也不一定是离地心最远的地方。

保持着距地心直线距离最远纪录的地方实际上是一座火山。它就是位于厄瓜多尔的钦博拉索火山，距地心约 6384 千米，这比从珠峰峰顶到地心还多出约 2168 米。

由于地球是扁球体，赤道半径大于极半径，因此赤道或赤道附近的山脉会比其他纬度的山脉离地心更远。

尽管珠穆朗玛峰仍然是一个热门起点——它是如此著名，并且有自己独特的魅力，但是对于真正的爱好者来说，厄瓜多尔的钦博拉索火山才是他们想要走的穿越地心的直线最长路线的起点。

对页图：钦博拉索火山是地表距离太阳最近的地方，该图是日落时从西面拍摄的照片

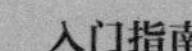

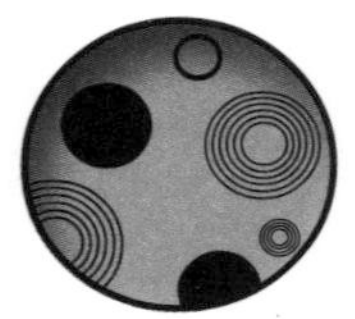

从极到极

Pole to Pole

把地球想象成穿在扦子上的一颗巨大樱桃，扦子穿过了两极，地轴的示意图即大致如此。穿越地轴也是一条很受欢迎的路线，因为勇敢的探险者走完这条路线，就一并游览了南极和北极。

地球的极半径约为 6357 千米，所以这条路线全长约 12,714 千米，比沿着赤道半径穿越地心的行程要短。由于地球的形状，赤道半径路线要再长 21 千米左右。

冰冷的始发地和到达地带来的兴奋，以及当你向下穿过看不见的磁场时奇怪的指南针读数，都增加了这条路线的乐趣。人们最常走的路径方向是从北极到南极，可能是出于我们地图的传统绘制方式，常把北极画在顶部。所以从北极开始似乎更符合我们多数人的思维方式。

另外，这样走还有一个好处，就是在南极点有一个永久科考基地。这样，你从南极地下钻出来的时候就可以喝杯茶，还有一个简易机场可以带你回家。注意，从北极出发时当心北极熊，当然，你最终从南极钻出来时企鹅也会出现。

目的地：南极

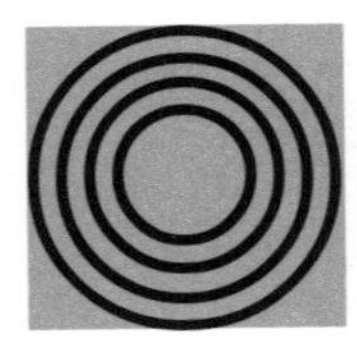

捕捉所有层

Catching All the Layers

如果打算从我们生活的这一层出发下到地心，你要么直接穿过日常所走过的土地，要么穿过海洋，到达海底后去往更深的地方。这似乎是最正常的路线，真正的问题只有进出地点的选择。但有些人可能会注意到，按照这样的路线会错过一些关键圈层。

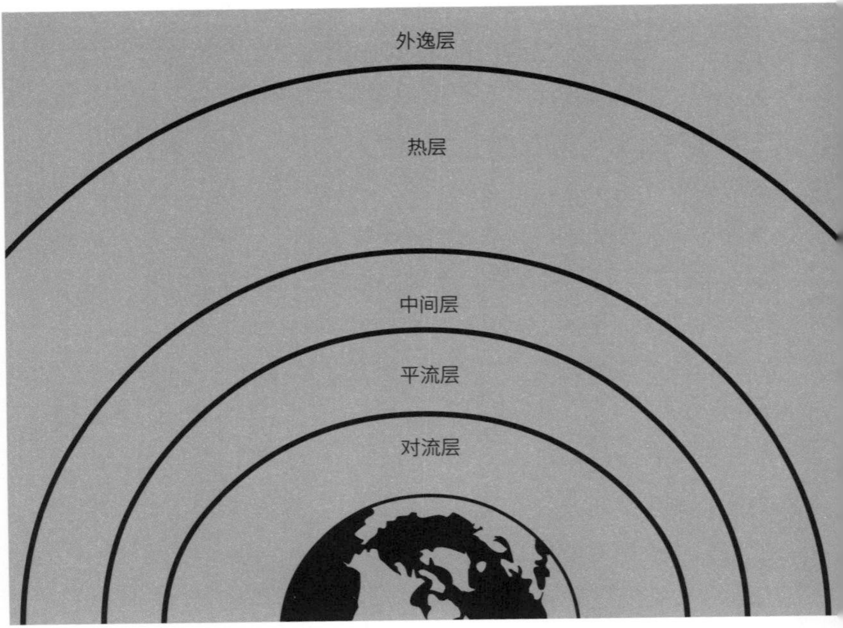

外逸层

热层

中间层

平流层

对流层

从国际空间站看到的大气层

陆地表面或海平面并不是地球的最外层，我们还有广阔的大气层，它也构成了地球的一些圈层。有些人选择的地心之旅路线是从太空边缘到达地心，沿途体验地球的每一层。想要尝试这条路线，你需要了解大气的主要分层，因为这些圈层原不在你的体验计划之内。地球大气层的最外层是外逸层，位于我们头顶上方 500 千米以外的位置。往下一层是热层（85 ~ 500 千米），那里产生极光。极光通常被认为出现在地球大气层和外层空间的过渡区域（距离地表 100 千米处的卡门线）。

中间层（50 ~ 85 千米）是大多数流星划过的地方。平流层是臭氧层所在的区域，它夹在对流层和中间层之间。最底层大气就是对流层，地球大气质量的 3/4 都在这里，它的厚度从赤道处约 17 千米到两极处的 8 千米不等。

地表上海拔最低、温度最高的地方

The Lowest & Hottest Place on Earth

如果你喜欢挑战极限，那么这里可能是你值得考虑的“入地”地点——一处地表上海拔极低（海平面以下）、极热的人类居住地，其地表温度可高达 50℃，其位于埃塞俄比亚达洛尔的一处矿山，当地平均温度（包括白天和夜间以及夏季和冬季）为 35℃，创造了纪录。

在这里，大部分地区都低于海平面，最低位置位于海平面以下 155 米：海平面以下飞行不是梦。它不仅是你旅行中可以打破纪录的一个入口，而且在达洛尔火山周围，酸性水池和硫黄的黄色结晶点缀着岩石，这种如月球表面的景致也为你的旅行提供了一个生动的背景。你可以在这里探索盐层，也可以看看火山是如何穿过盐滩的。不过请不要在这里逗留，这里的热液 pH 值小于 1，这意味着它们是酸，几乎可以溶解它们沿途碰到的所有物质。

必做之事
Things to Do

我们做得越多，我们能做的就越多；我们越忙碌，我们就越有空闲。

威廉·哈兹里特（William Hazlitt）

囊括七大洲

Bag the Seven Continents

“小猎犬号”分离舱的美妙之处在于，你可以乘坐它去任何地方，因为它除了陆上旅游，还配备了水中运行的设施，另外它还能飞行，或挖掘隧道前进。在这方面，它是有史以来设计得最全能的交通工具。

许多前往地心的人还想取得一些其他成就，其中渴望达成的一项就是把七大洲体验个遍：北美洲、南美洲、欧洲、

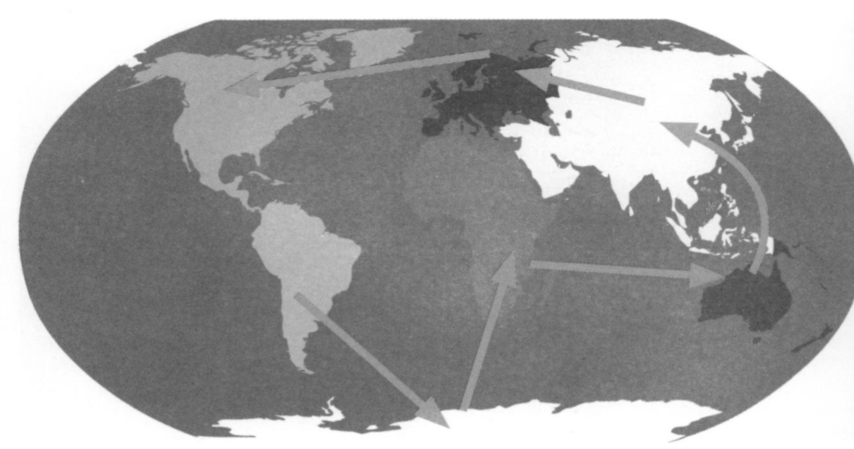

你需要选择起点、方向和路线，才能把所有大洲体验个遍

非洲、亚洲、大洋洲和南极洲。所以有很多旅途要走，但这些都可以在地下完成。你可以从每个大洲收集一些你想要的代表性岩石标本，作为你已经游览过七大洲的凭证。受欢迎的选择有澳大利亚的蛋白石、南美洲的紫晶、北美洲的黄金矿层，还有更多选择。

你的选择不止如此。漫游者中不论是真正的收藏家还是单纯的收集癖，他们也想把各个大洋游览遍；太平洋、印度洋、北冰洋、大西洋……记住，如果你的目标是在到达地心之前集齐一份大陆和大洋的游览清单，那么这将是一次繁忙的收集之旅。且在世界各地的许多目的地都可以买到岩石纪念品，所以在计划本次冒险时，你需要提前预留出一些时间。

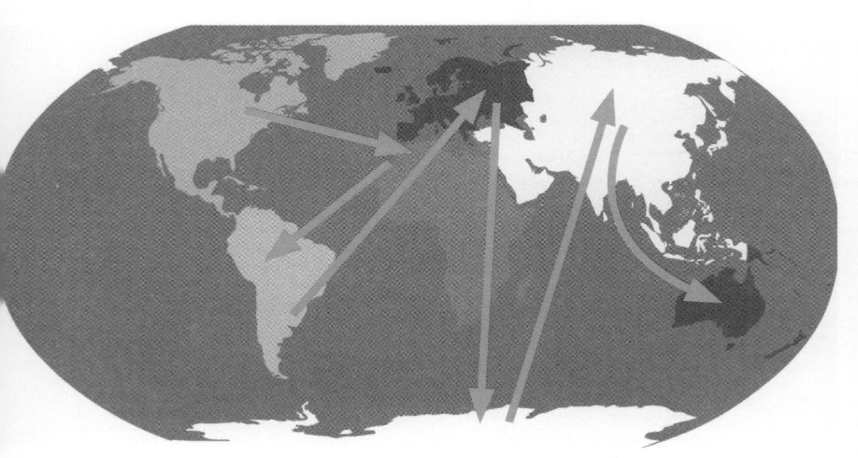

行动多变的漫游者选择

在克拉通下寻找钻石

Diamond Hunting Beneath the Cratons

在地球的岩石圈地幔（其上部附着在地壳上）中旅行时，你可以绕道前往地壳最古老部分（克拉通）下方的区域。你会兴奋地发现，这里诞生了地球上最坚硬的物质——钻石。

你需要从克拉通向下深入大约 140 ~ 300 千米，以寻找压强在 45 ~ 60 千巴之间、温度超过 900℃的地方。

究竟会在非洲、加拿大或俄罗斯的克拉通下找到钻石，还是能够幸运地在印度、澳大利亚和巴西克拉通下找到钻石呢？这取决于你进入地球的位置。原生钻石被称作金伯利岩管的火山管带到地球表面。火山能够从地球深处喷发出物质，让原生钻石在分解成天然碳之前就被快速地运送到地表。

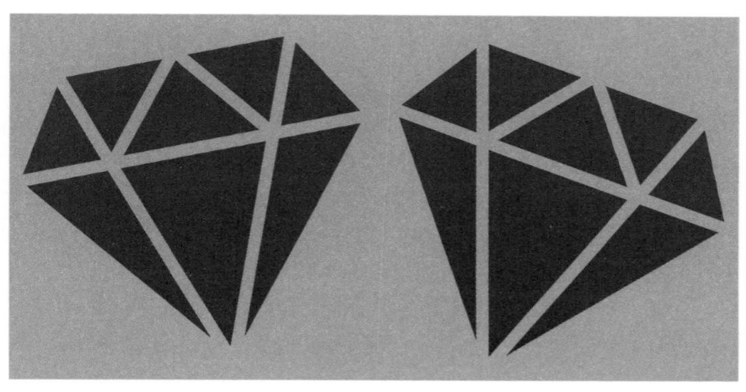

如果你找不到钻石，为什么不找找看金伯利岩管呢？然后你可以沿着破碎扭曲的结构上下转转。想象你就是一颗幸运的钻石，被金伯利岩管从地球深处运送到地表，那会是什么感觉。

寻找化石
Hunting for Fossils

你可以戴着安全帽，拿着地质锤，在不同盆地的沉积层中寻找化石。

你需要找到一个含有大量死亡动物的岩层，根据地质年代差异，你也能搜索到生活在特定地质年代的代表性生物。

最常发现的是海洋生物化石，比如死亡的壳类、双壳类和腕足动物。其中，螺旋状的菊石，以及更古老的三叶虫，是人们比较喜欢的化石。鲨鱼的牙齿是另一种好发现，会让人联想起电影《大白鲨》。但最受欢迎的发现还是恐龙化石，其中暴龙的最受欢迎。但由于这些动物大多生活在陆地上，被保存下来的机会更少，所以很难找到它们的化石。

更令人感兴趣的是找到遗迹化石。它是指动物留下的生

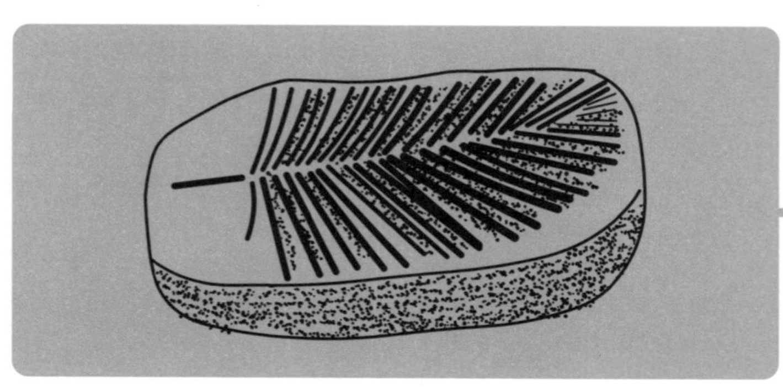

存痕迹，但动物本身的化石并不在这里。如果你发现了其中的一种，不要觉得吃亏了，因为你可能正在用前寒武纪的遗迹化石见证一些极早的生命形式。如果发现恐龙足迹，你也可以试试看站在巨兽的脚印上。

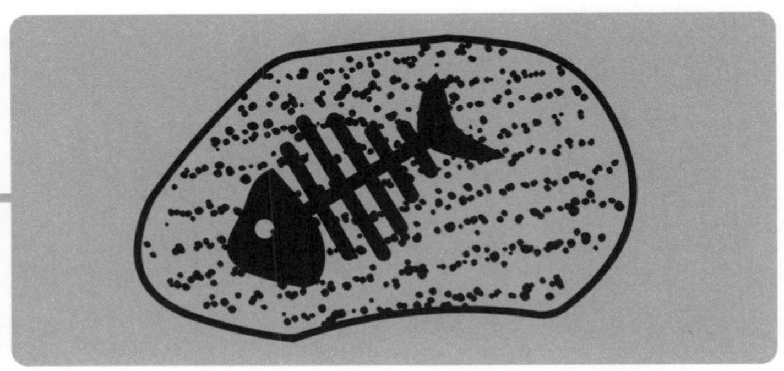

接触裂谷板块

Touching the Rifting Plates

对于那些在冰岛尝试“经典火山路线”的人来说，有一个宝藏隐藏在一片冰冷的湖水中，你可以在下入地表的途中游览一番。冰岛的锡尔夫拉湖（Silfra Lake，下图）位于大西洋中脊上，你可以驾驶“小猎犬号”沿着贯穿该湖的水下洞穴前行。该通道正是板块沿构造板块边界移动时形成的裂谷断层。这里的湖水非常清澈纯净，可以让你看到水下非常远的距离。

该图中我们可以看到本指南的作者身处板块之间的裂谷中。图中左侧是欧亚板块，右侧是北美板块

湖水的温度略在冰点之上，你可以穿上干式潜水服，进入冰冷清澈的水中探险。这条通道两边的悬崖分别来自欧亚板块和北美板块。在裂谷间的某一处，你甚至可以把手放在水下裂缝的两边，就好像两大板块是被你推开的一样。裂缝的分离速度与指甲的生长速度差不多，虽然我们觉察不到它在移动，但从地质学的角度来看，这仍然是相当快的。

洋脊分布和大洋工厂

The Ridge Run & the Ocean Factory

洋脊在海底留下烙印，像一个巨大的拉链缠绕在地球上。如果有一张移除了地球上所有水的地图，就可以发现洋脊是地球上最长的山系，并且在很大程度上，它们目前仍然是无人涉足的。

大西洋中脊从北到南几乎纵贯了整个地球，太平洋则被一些洋脊段和印度洋中脊分裂成三条脊线，从而显得有些“伤痕累累”。有个有名的漫游线路叫“洋脊之旅”，可以带大家走遍全球的洋底山系。这些洋脊是产生新地壳的地方，可

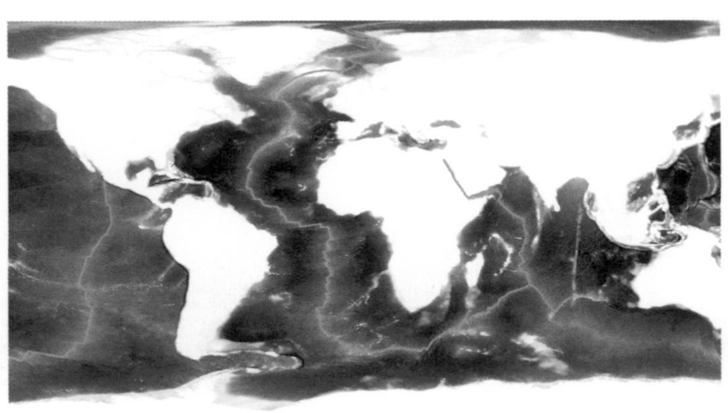

该图中，板块间的裂缝用白色标出。大西洋中脊作为长海脊之一，在图中很是显眼

在 2005 年的“失落之城”考察中，遥控潜水器“大力神号”在大西洋中脊的裂谷附近收集玄武岩

以称作“大洋工厂”，它将全新的海洋地壳提供给地球，而且这些新地壳一直在移动。越是远离洋脊的地壳越老，关于这一点，海底隐形的磁力线就是证明。

即使不选择走完完整的洋脊线，许多人也喜欢在深入地幔之前先探索海底不同区域的洋脊。

在洋脊附近，是你在地表能够靠近地幔最近的时刻了。在某些情况下，大洋中脊的轴线会被转换断层破坏或发生横向偏移，这时部分地幔甚至会暴露出来。

在洞穴中漫步

Wander through the Hollows

我们脚下的土地并不总是坚实的，穿越地球的浅层时，你有机会探索它的许多洞穴。

你可以前往石灰岩地区，那里有许多相互连通的洞穴网络，是天然形成的奇妙洞穴。富含矿物质的水在洞穴中蒸发

时会形成滴水石，其中有从洞穴顶部向下生长的钟乳石，还有从地面开始向上生长的石笋。有时钟乳石会和石笋相连，形成钟乳石柱。在洞穴间穿梭时，你也可以沉浸在地下湖泊和河流中。在火山周围能够找到一组更不寻常但同样迷人的地球空洞。如果足够幸运，在熔岩倾泻而下的火山两侧的下方，你能发现壮观的熔岩管道。这些是熔岩在地下流动的通路，为岩浆喷发出地表提供补给。现在这些通道在一定程度上已经干涸凝固，形成了蜿蜒的火山空洞。沿着这些通道前行时，你可以想象自己航行在炽热的岩浆上。

你还可以去最壮观的洞穴做一次非常特别的游览：在墨西哥的银矿下方有一处水晶洞。在那里，巨大的石膏晶体已经在火山热液中生长了数千年。洞穴中美丽的透石膏晶体（一种纯石膏）纵横生长，有的可以长到13米。因为酷似漫画中绘制的超人故乡，所以这个洞穴也有“超人洞穴”的绰号。

作者在探索水晶洞

南极洲下的原始湖泊

A Primordial Lake Under Antarctica

对于那些走“从极到极”路线的人来说，将有一个绝佳的机会参观南极大陆冰原下一个非常特别的地方。

在众多被封存在冰层下的湖泊中，沃斯托克湖是最大的。这片在数万年，甚至数百万年前就被隔离的水域被认为是史前生命形式的家园。这些史前生命很可能是微生物，不容易被发现，所以请你睁大眼睛，因为在这片我们不甚了解的原始水域中，任何东西都可能是首次被人类发现。

科学家们长期以来一直认为，单纯在如此巨大体积的冰的压力下，肯定会有水存在。多年以来，这始终是个猜测，直到 1993 年才证明存在这个特殊湖泊。也是在这里，2012 年，俄罗斯科学家钻取出了有史以来最长的冰芯段，长达 3768 米。

湖面实际位于海平面以下 500 米，但其上覆盖着 4000 米厚的冰层。这使这个封闭的古老湖泊黑暗又神秘。有人认为它代表了在太阳系的其他星体（如木卫一和土卫二）上可能存在的冰冻海洋内的环境条件。这让一些人推测，这个古老的隐秘湖泊可能是了解其他星球生命的关键。

冰芯钻取了 3768 米，直达下方水体 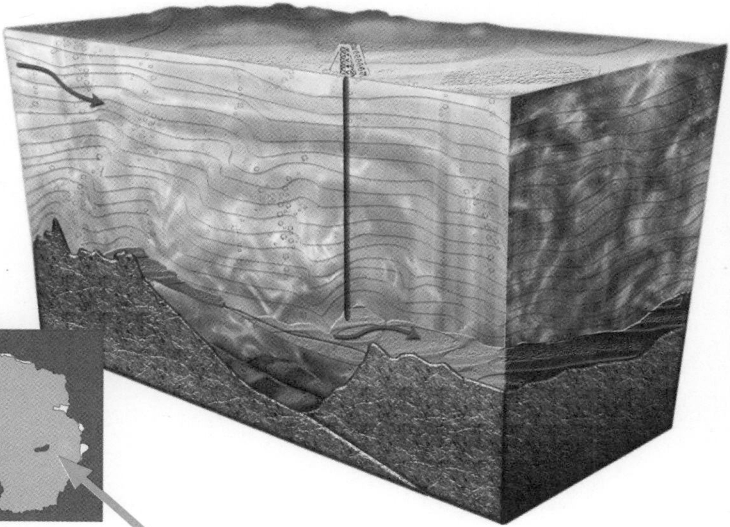 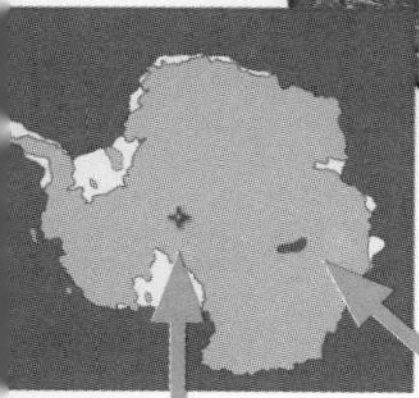
南极冰层下的沃斯托克湖
南极点

自下而上的间歇泉

Geyser from the Bottom Up

通常情况下，间歇泉把大量的沸水喷到空中时，我们只能从地面以上观看。间歇泉是一种周期性从火山地带的温泉周围地面喷发出来的由水和蒸汽组成的热流。对于那些选择冰岛“经典火山路线”开始地心之旅的人来说，将有机会从下往上观看这种奇妙的自然现象。从这个特别的位置，你将看到热量和能量从哪里来，使地下水闪急沸腾，并从一个独特的视角观看间歇泉的喷发。

冰岛的大间歇泉（Great Geysir）是所有间歇泉的鼻祖，英语中间歇泉（geyser）一词就来自它的名字。19 世纪时，它曾非常活跃，直到一场地震限制了它的活动，现如今它只是周期性地喷发。多年来，人们曾尝试往里面巧妙地添加肥皂来促使大间歇泉喷发，[1] 不过 2000 年发生了几场地震，使它重新焕发了活力，恢复了自然喷发，只不过仍然有些不规律。大间歇泉附近还有斯特罗库尔间歇泉，它的喷发相当有规律，让聚到一起观看它的人兴致盎然。

其他值得一看的间歇泉还有美国黄石国家公园里的老忠实间歇泉和蒸汽船间歇泉、智利的地热谷间歇泉聚集区、俄

1 有一种说法是，往间歇泉中放肥皂可以引起喷发。

冰岛的斯特罗库尔间歇泉

罗斯堪察加半岛的间歇泉谷、新西兰的陶波火山带。如果你愿意，还可以试着往水里加一些肥皂，看看是否能促使某个间歇泉喷发。

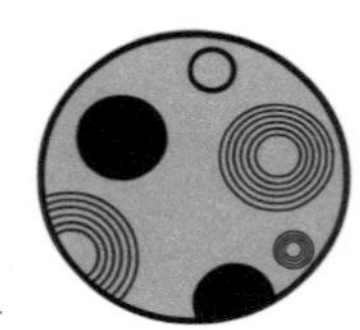

搭乘洋流

Riding the Ocean Currents

为了探索地球内部的奥秘，你可能会选择从许多不同的有利位置进入地球，但如果选择一个水下入口，你将会有意料之外的收获，即有机会探索全世界海洋最深处的秘密。海

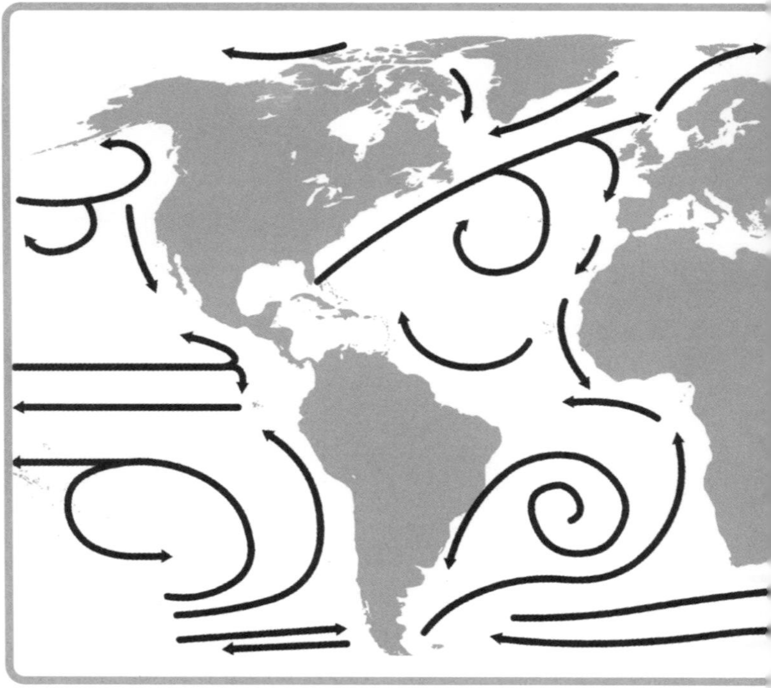

底深邃、黑暗又神秘，且海洋的许多位置相对来说是不为人知的，所以何不绕道沿着海底的洋流前进，体验海底王国的神奇之处呢？

对于那些打算沿着深海海沟进入地球的人，或者已经在沿着洋脊旅行的人，搭乘洋流是探索地球巨大力量的另一种方式。

这些庞大的水体运动以蜿蜒的路径环绕地球，既可以紧贴海底，也可以沿着表层水域移动，它们是地球命脉的重要组成部分。对许多人来说，当他们从地心返回到地表时，洋流提供了一种常见的回家方式：让“小猎犬号”分离舱被水流裹挟前进的同时，还能带着旅行者观察世界，或者更准确地说，观察海洋。

值得留意的主要洋流有：沿非洲西海岸的本格拉寒流、沿南美洲西海岸的秘鲁寒流、极地洋流，还有使欧洲周围水域在冬天不会结冰的北大西洋暖流。

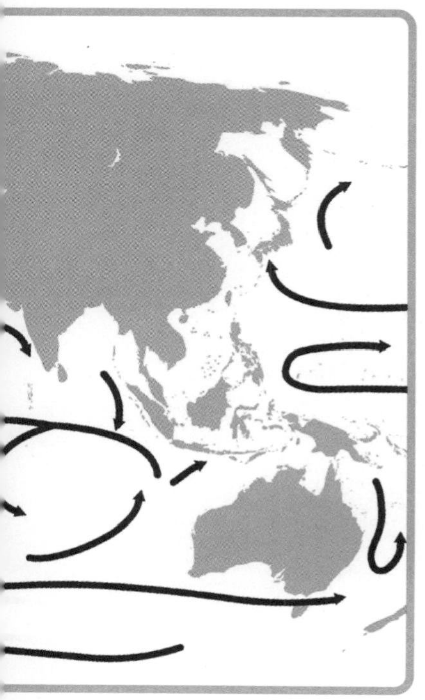

主要洋流图

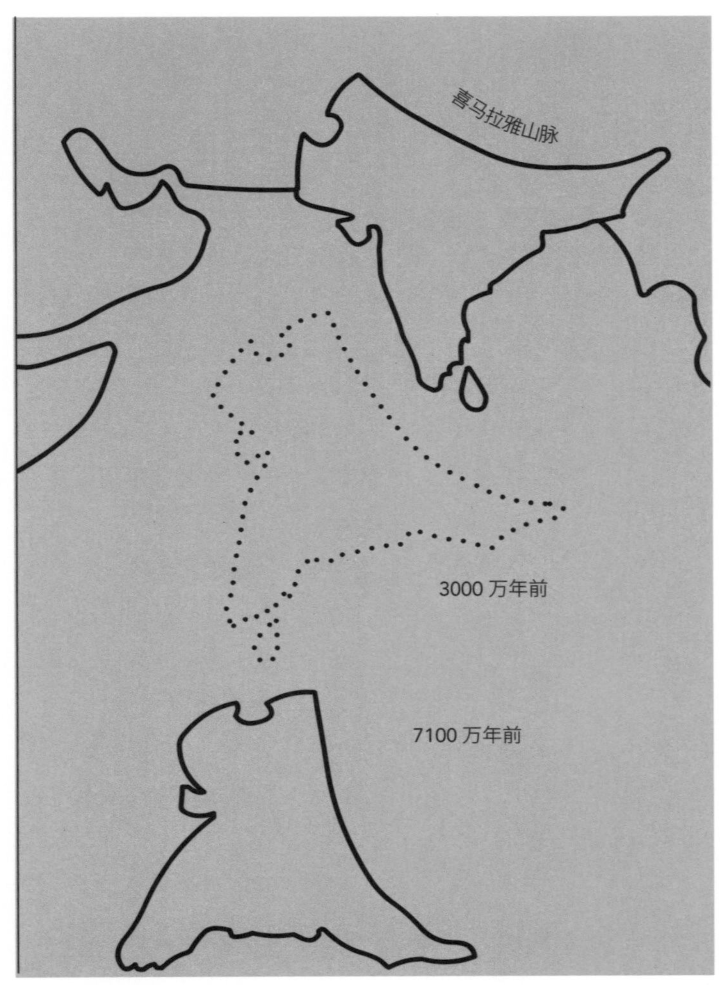

印度板块在 7100 多万年间的旅程，它与欧亚大陆相撞并持续推高喜马拉雅山脉

探索喜马拉雅山脉内部

Explore Inside the Himalayas

如果你喜欢巨大的东西，那么喜马拉雅山脉是个很好的选择。打开你的旧式地图集，或者在谷歌地球或美国航天局开发的地球卫星地图上浏览一圈，那么这片巨大的岩石区域就会非常显眼。喜马拉雅山脉及其相关的喀喇昆仑山脉拥有 14 座海拔超过 8000 米的独立山峰，其中就包括海拔最高的珠穆朗玛峰。这条巍峨的山脉蜿蜒曲折，形成约 2900 千米长的弧线，将印度平原与青藏高原分隔开来。

这些山脉本身就是印度板块与欧亚大陆板块碰撞这一重大事件的产物。喜马拉雅山脉则是这起重大“车祸”中弯曲的保险杠和损坏的引擎盖。

它们形成的山脉如此巍峨，许多人喜欢在前往地心途中游览此地，花些时间来探索山脉的基底。如果选择从这个区域开始旅程，你会发现许多变质岩。由于印澳板块已经俯冲到欧亚板块之下，因此在这里，你可以从一个板块向下到达另一个板块。

点燃“火圈”

Lighting up the Ring Of Fire

太平洋是地球上最大的海洋，它与陆地相接的边缘是一圈巨大的火山带，被称为“太平洋火圈”（Ring of Fire）。太平洋周围的板块构造边缘形成了火山众多的山脉和岛屿，呈现出马蹄形的环形结构，绵延约 40,000 千米。你可以从新西兰顺时针出发，也可以从南美洲逆时针出发，最终到达南极洲埃里伯斯火山沸腾的熔岩湖，这里也是一个很受欢迎的地心入口。当你环行太平洋火圈时，可以一做的有趣尝试就是看看自己途经了多少座火山。

驾驶“小猎犬号”探索它们的结构时要小心，因为你可能会碰到岩浆。逆时针方向旅行的一些亮点包括：比亚里卡火山，它是智利的一座十分活跃的火山，也是南美洲的一个必看景点；北美洲的喀斯喀特山脉，它是火山口湖和圣海伦火山（曾于 1980 年爆发）的所在地；美国阿拉斯加的万烟谷；俄罗斯堪察加半岛的火山会让你体验冷热的交替；高耸于日本本州岛上的富士山；菲律宾的皮纳图博火山也是近期（1991 年）曾喷发过的火山；印度尼西亚的多巴湖因其同名超级火山的喷发而闻名，据估计，那次喷发发生在大约 74,000 年以前；最后，当你到达新西兰，可以看到冒着热气的怀特岛火山和陶波火山带。

在环“太平洋火圈”的地下旅途中，超过 450 座火山（约占世界活火山或休眠火山总数的 75%）可以任你畅游。

注意事项

What to Look Out For

真正的发现之旅不在于寻找新的景观，而在于拥有新的眼光。

马塞尔·普鲁斯特（Marcel Proust）

地震波
Seismic Waves

这些是穿过地球的能量波：它们可能是由地震引起的，也可能是由其他事件引起的，如撞击，甚至是人为爆炸。它们主要以两种形式（纵波和横波）出现，对我们了解地球结构很有帮助。你可能在地震仪上看到过它们被记录成曲线。在旅途中请记住，你可以使用“小猎犬号”的舱内地震仪来实时监测全球发生的地震。

地震波在地球中传播的方式为我们了解地球内部结构提供了一个窗口。重要的是，横波不能通过液体传播，这一点也帮助我们确定了地球的外核是液态的。

此外，这些波发生偏转的方式意味着，当地震发生时，地球上有一些阴影区监测不到纵波或横波。如果地震发生时你恰好在地球的另一边，可能你只能监测到纵波。你可以使用我们对地震事件的实时记录，通过地震仪上的读数，来确定你是否真的处于地震的阴影区或地震区域的对面。

我们还利用遍布地球的多个地震台信息来确定地震的真实三维位置，即震中。

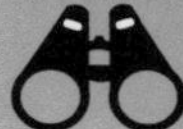

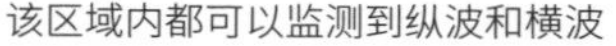

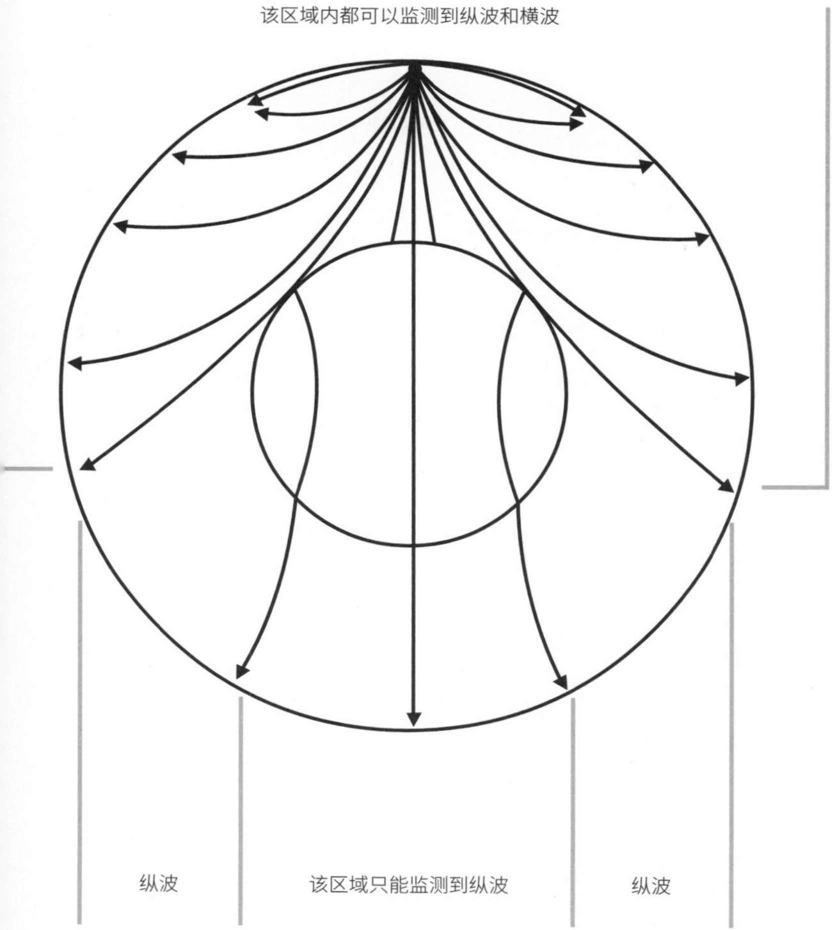
该区域内都可以监测到纵波和横波
纵波
该区域只能监测到纵波
纵波

只有纵波可穿过地核，纵波和横波在穿过地球及地核时都会发生偏折，这是因为接近地心时，密度和压力会有所增加

磁性地球
The Magnetic Earth

由于地球的外核是液态的，所以它不会静止不动，而会随着行星的旋转而旋转。当熔融金属相对于地球的其他部分移动时，它形成了一个巨大的磁体。就像在纸上撒上铁屑，在纸的下方放一块磁铁可以产生磁场一样，地球这个磁体也会产生从一极到另一极的巨大弯曲磁场。

这个看不见的磁场实际上延伸到了太空中，保护地球免受一些粒子的侵害，譬如它能使大部分吹向地球的太阳风发生偏转。太阳风中含有带电粒子，如果没有这些磁场，吹来的带电粒子就会破坏地球的臭氧层。磁场也延伸到地球内部。

虽然现在不怎么使用传统的罗盘了，但大多数便携电子设备都是通过小型的内置罗盘来利用地球磁场。你的手机、你用的全球定位系统接收器和你乘坐的飞机都需要依赖地球磁场。

历史上，人类利用地球有磁场这一事实来探索和冒险。下潜到深海时，你有一个大型经典水手球形罗盘安装在“小猎犬号”最显眼的位置，所以可以看到随着深度变化，地球磁性如何改变。待你到达地心时，那会是什么样子呢？

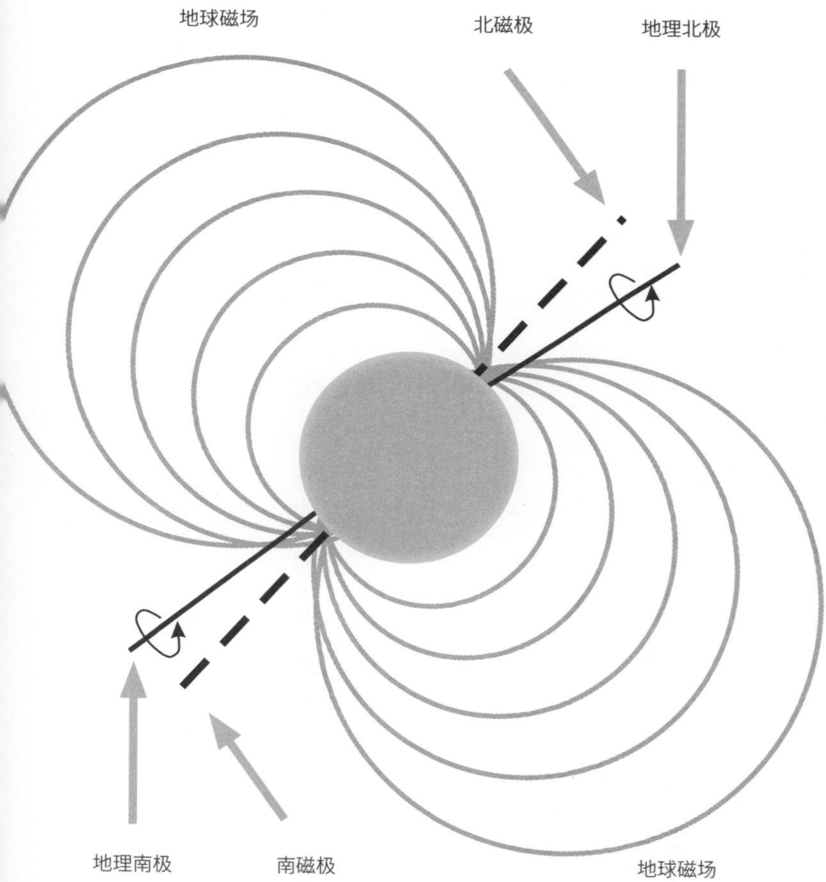

地球磁场

北磁极

地理北极

地理南极

南磁极

地球磁场

地球磁场及两极的示意图

岩浆都去哪儿了

Where Has All the Magma Gone?

与普遍的误解相反，地球内部并不是一个熔融岩浆球。除了外核，其大部分是固态的。只有在极少数情况下炽热的岩石才能熔化。那么岩浆都去哪儿了？

形成岩浆的关键在于将压力、热量和流体三者混合，而它们以不同的方式混合，最终形成了我们认识和喜爱的火山。

深入地球时，由于所谓的地温梯度，环境会变得越来越

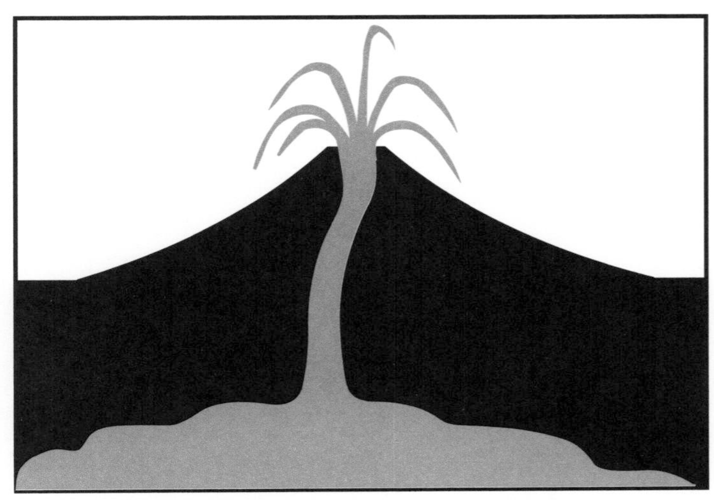

火山爆发：岩浆从岩浆房向上通过出口，从火山口喷出。熔岩冷却凝固后，火山表面会形成更多的岩层

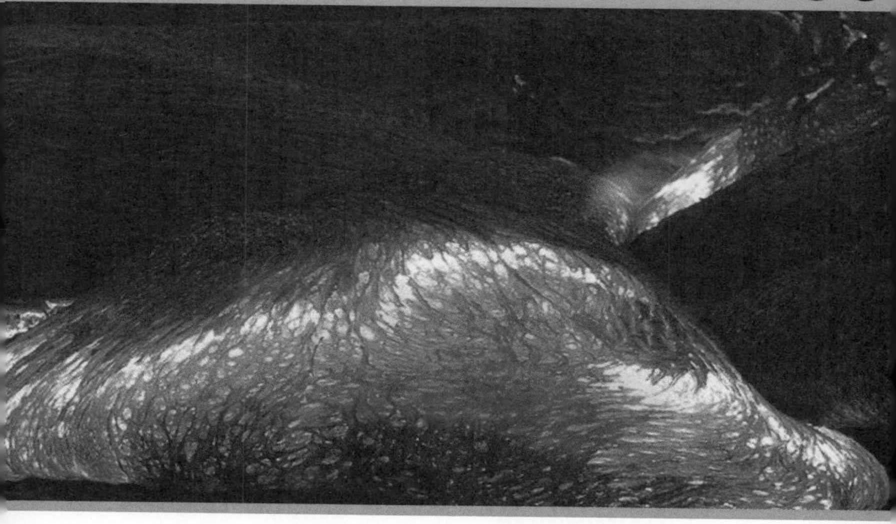

熔岩（正在冷却中，摄于夏威夷）是岩浆的外部形态

热，而且一定有一个点，这里热到可以使岩石熔化。但此时，压力也参与进来起作用了，因为岩石的熔点（称为固相线）会随着压力的增加而增加。在一般情况下，固液相的两条线不会相交。但是，地表有火山这一事实肯定意味着也有例外。

例外确实有……如果能在热岩石中加入液体，你就能降低它们的熔点，在俯冲带就会发生这样的情况，火山会沿着这些区域喷发。如果你能让岩石快速上升，它们失去压力的速度比冷却速度快，这意味着它们会熔化。同样的道理也适用于洋脊，在那里，地幔上升并熔化形成新的洋壳。最后，用像地幔柱或热点（正如在夏威夷发现的）那样的“喷灯”加热也会导致熔化。

真的很简单！

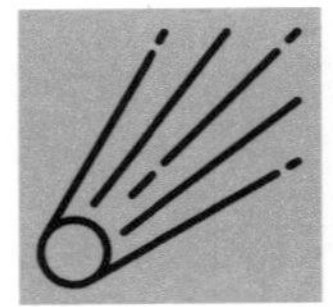

彗星的“巢穴”

The Comet’s Lair

在墨西哥尤卡坦半岛的岩层深处隐藏着一个可以追溯到大约6600万年前的秘密。有一个中心靠近希克苏鲁伯镇的巨大碗状结构，它是一个由小行星或彗星撞击形成的陨击坑（希克苏鲁伯陨石坑）。

这是一个重要的地质时期，因为它代表了从白垩纪到古近纪的过渡，被称为白垩纪末期大灭绝。这是我们星球的一个重要历史事件（特别是对大恐龙来说）。当时地球上发生了巨大的变化，导致大约16％的海洋科，47％的属，大约71％～81％的种灭绝了，包括很受我们喜爱的恐龙。

这些大型野兽的灭绝与位于希克苏鲁伯这次来自外太空的撞击有关，这个巨大的陨击坑以及该时期在世界各地岩石中铱含量的激增也证明了这一点。（铱是一种类似于铂的稀有金属，这一元素在太空中大量存在，

险些相撞：1861 年大彗星在距离地球 3200 万千米的范围内经过，有三个月的时间都可以用肉眼看到它

而地球上含量很少。）

近期的研究表明，更有可能是一颗彗星撞上了地球。因为如果是一颗巨大的岩石小行星，它的铱含量该远大于我们所发现的铱含量。此外，剧烈的“德干大火成岩省”火山活动发生在同一时期，也被认为是造成本次地球危机的因素之一。

想象自己来到了 6600 万年前可能是一颗巨型彗星撞击地球、造成了严重后果的地方。你可以寻找受撞击影响的岩石样本，比如冲击石英、玻璃陨石（玻璃状、部分熔融的样本），也可以试试看能否在沉积层中发现铱异常。

泛大陆和冈瓦纳古陆

Pangea and Gondwana

不断移动的地球和板块构造现象意味着，在地球的过去，大陆是像泛大陆和冈瓦纳古陆（下图为它们开始分裂成近似今天的大陆）般的“超级大陆”。板块重建会利用大陆块相一致的地质特点，地磁反转以及洋底地磁条带的痕迹：所有这些都有助于建立这些巨大陆地板块的形成和分裂的画面。

网络上有很多关于各个板块位置随时间变化的动画。在旅程中，一个有趣的活动就是钻取曾经合在一起的两块大陆两侧的岩石，看看它们如何能匹配在一起。例如，你可以在非洲的纳米比亚和南美洲的巴西南部这样做。驾驶“小猎犬号”分离舱，只要穿行的路线正确，你将能够在相距数千千米的大陆上看到完全相同的岩石序列。

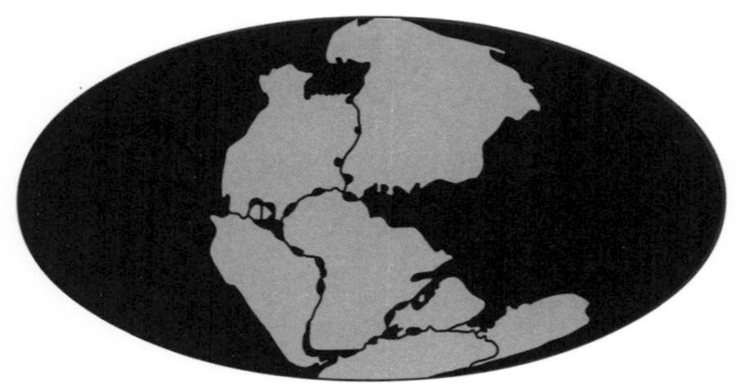

风险警告
Dangers and Warnings

世界上最危险的事是试图分两步跳过一道鸿沟。

大卫·劳合·乔治（David Lloyd George）

地震的中心

The Centre Of The Earthquake

穿越岩石圈时，你可能要穿越有地震风险的区域。它们多存在于世界地图的关键区域，通常位于板块边界处。你可能已经选择通过其中一个俯冲作用形成的海沟进入地球，在那里，一个板块在另一个板块下方移动。这在很多方面都是一个不错的选择，因为你可以借助板块的向下运动前往地幔。然而，这些地区也是地震频发的地区。

2010 年智利地震对震中造成的破坏。1963—1998 年，全球共监测到 358,214 次地震

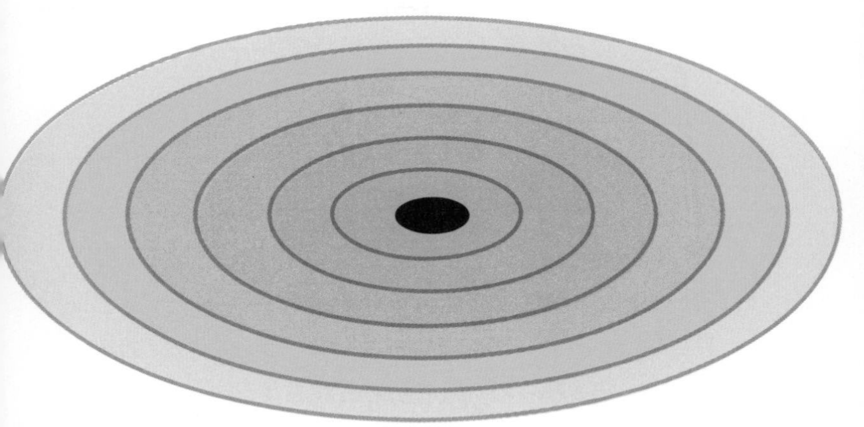

建议尽量减少在这些地区花费的时间，避免遇到陷入震中的危险。地震的“震中”是指震源在地表的垂直投影，地震的“震源”是指地震在地球内部的确切位置。

从地球内部经历地震与在地表经历地震是完全不同的，因为你的参考基准面尚不清楚。在“小猎犬号”分离舱的安全范围内，利用地球物理仪器，你将能够看到发生了什么类型的活动以及地震的位置。

由于世界各地随时都有地震发生，你极有可能通过灵敏的仪器看到一些地震记录。液体注入也可能引发地震，所以不建议你在通过俯冲带下降的过程中从“小猎犬号”中释放任何物质。

钻进岩浆房

Drilling Into a Magma Chamber

虽然实际上很难找到岩浆，但在旅途中，你真的可能一头钻入岩浆。当从固态下地幔进入液态外核时，我们显然已经做好了迎接熔融物质的准备，但在地壳部分与岩浆相遇的可能性又如何呢？

我们知道岩浆存在于低速层内的小片区域里，但正是通过岩浆房、岩浆薄层和熔岩管道，岩浆得以运移到地表并喷发，在这些过程中，我们可以感受到周围环境的突然变化。

随着岩浆冷却，其部分表面变成火山岩，漂浮在下方液体上

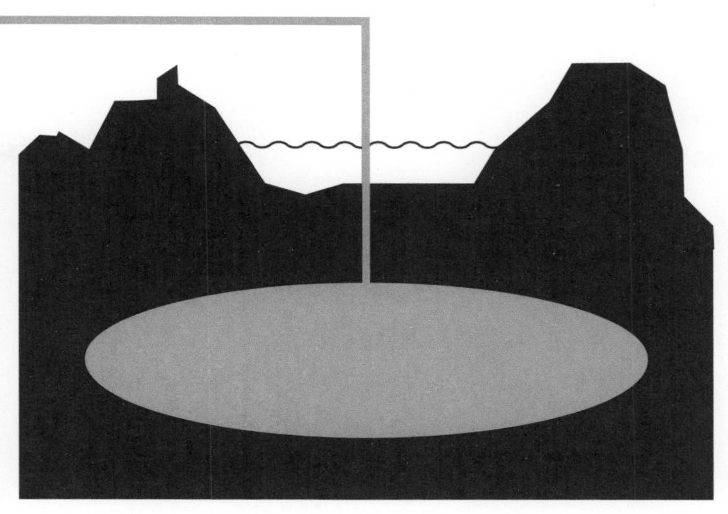

很明显，在洋脊附近、热流或热点周围以及俯冲带上方的区域移动时，你有遭遇岩浆的风险。在大多数情况下，你会感觉到“小猎犬号”在活动和行为上的变化，会有点儿像飞机遇到气流。但是要小心：如果撞上一座活火山，你可能会被卷入火山喷发过程，到那时你就去不了火山中心了，而是会被快速带回地表。

令人惊讶的是，在钻探的时候，人类曾经钻入过岩浆，一次是故意而为之，一次是误打误撞。1959 年，基拉韦亚火山喷发停止后形成了一个巨大的熔岩湖。随着其温度的降低，科学家们进行了一系列实验，包括从冷却后的湖面钻探到下面的熔融岩浆中。有一次在冰岛，寻找地热能的探险者钻探熔岩时，也曾一不留神把钻打到了熔岩中。

感觉热，热，热
Feeling Hot, Hot, Hot!

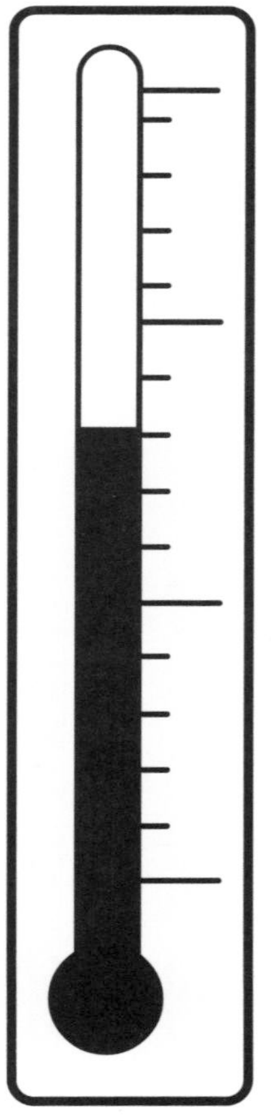

当我们到达地心时会有多热？温度随深度增加的幅度被称为地温梯度。一般来说，地壳中的平均地温梯度为 25 ℃ / 千米左右，变化区间为 10 ~ 50 ℃ / 千米。在有额外热量的地区，如板块的扩张中心、热点或热流处，地温梯度可能更高，而在克拉通这样的古地壳中，梯度可能低一些。

随着深度的增加，地温梯度会呈现出约 1 ~ 2 ℃ / 千米的变化。因此，穿过地壳和岩石圈上部时，你会感觉到温度增加相对较快，但随着深度的增长温度增加则会减缓。当你接近核幔边界时，地温梯度又会增大，然后再次减缓。

地幔底部温度超过 4000 ℃，内核温度可以达到 6000 ℃。这使得地心温度和太阳表面的温度差不多，很热，很热，很热。太阳中心的温度估计在

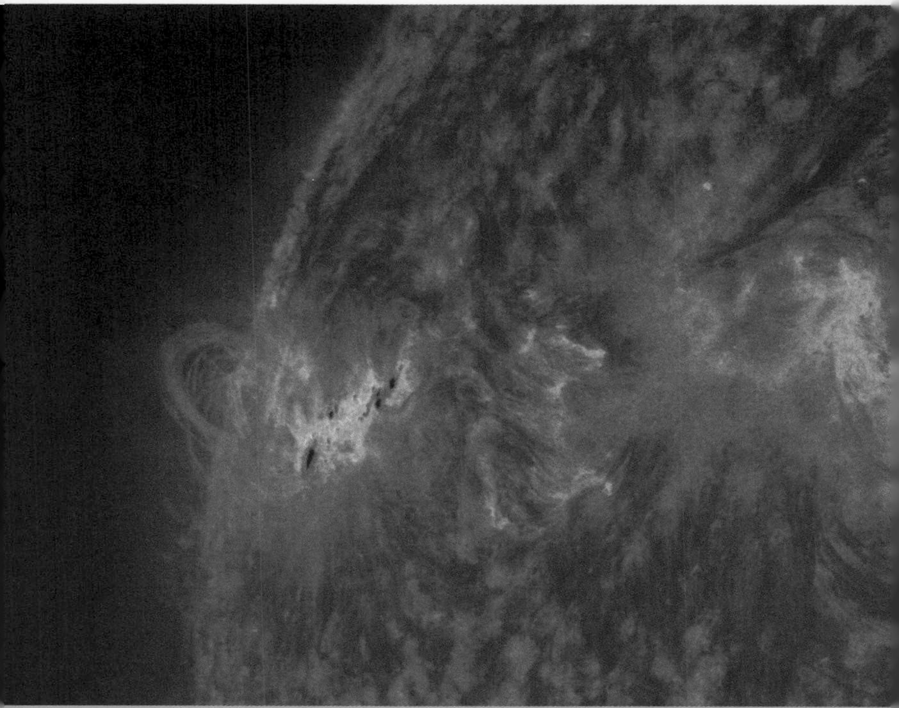

太阳表面

15,000℃左右，这是你地心之旅中可能经历的最高温度的两倍多。往地心下降时，你可以看到“小猎犬号”分离舱舱内刻度盘上的温度在升高。这些都是以经典风格设计的，给你重历《地心游记》的感觉。根据你的经历记录下的实际地热图表之后会在程序上生成数据返回包，可以作为旅程纪念品打印收藏。

压力之下
Under Pressure

毫无疑问，进入地球内部时，你会感受到压力。很快你头上就会有很多岩石，它们会以很大的力往地心方向压来。你会看到“小猎犬号”仪表盘和图表墙上的压力表显示出的实时外部压力。随着下探深度的增加，数值应该会逐渐上升，但如果是在探索需要横向旅行的区域，你可能会看到数值在上下波动。

压力梯度，即单位深度上的压力变化量，地壳内每 35 ~ 40 千米压力变化值约为 1 吉帕（10 千巴）；地幔内部的压力梯度会增加一点儿；进入以金属为主的地核时，压力还会上升。作为比较，举几个例子：汽车轮胎内的压强大约是 2 巴（20 万帕斯卡），海底最深处的压强是大气压的 1000 倍。

地球正中心处的压强约为 365 吉帕。一个标准大气压约为 100,000 帕斯卡，地球中心处要比这高出约 365 万倍。

你感觉到压力了吗?

岩石食谱
Rock Recipes

地质学家从考古学家停手的地方开始继续前溯，研究地球的历史。

巴尔·甘格达尔·提拉克
(Bal Gangadhar Tilak)

地球食谱
The Earth Cookbook

与许多旅程一样，探索我们之前可能没有体验过的当地食谱和特色菜是非常有趣的事。在前往地心的旅途中，你将遇到构成地球的各种当地物质成分，这就像一本“地球食谱”，在其中，你可以“品尝”到各种各样的物质，正是它们

海滩上的鹅卵石可以告诉我们当地岩石种类的大量信息

构成了我们通常行走的土地，而多样性则是生活的调味品，仔细观察地球上的财富，你不会失望的。

为了阅读地球提供的岩石“食谱”，你需要掌握一些已发现的关键过程和岩石类型，以及掌握根据所含矿物、晶体形式和结构类型等方面特征识别岩石之间差异的方法。

在“小猎犬号”分离舱中，你可以获得大量的参考资料，以及显微镜、放大镜和地质锤，这样你就可以变身“地质学大厨”，将地球食谱尽数掌握。

漫游过程中，你可以收集自己最喜欢的岩石和矿物作为旅行纪念品，也可以作为你对地球各地独树一帜的差异的采样。

岩石循环
The Rock Cycle

地球自 46 亿年前形成以来就是由岩石构成的。这些岩石彼此之间可能有很大的不同，但经过数百万年，它们可以一次又一次地发生变化，这就是所谓的岩石循环：风化、熔化和造山运动等过程都能帮助岩石从一种形态变成另一种形态。

最早形成的岩石应该是岩浆岩，它是由熔融的原始地球物质经过结晶而成的。然后，这些岩石被风化，经风、雨和化学反应分解，形成后来组成沉积岩的微粒。随着这些微粒被河流和海洋携带、沉积，就形成了一层一层的沉积岩。

移动的板块碰撞形成山脉，会掩埋并改变这些沉积物，使其在高温高压的作用下形成变质岩。在这里，岩石晶体发生变化并变质成不同的岩石类型。

随着变质岩被埋得更深、被加热到熔融状态，一个岩石循环过程就完成了，新的岩浆能够运移到地表，在火山外层形成新的岩浆岩，准备着再次经受风化和侵蚀，如此循环往复。当然，上述过程是简而化之的，实际过程往往更复杂，但是你在旅途中至少可以探索岩浆岩、沉积岩和变质岩这三种基本类型的岩石。

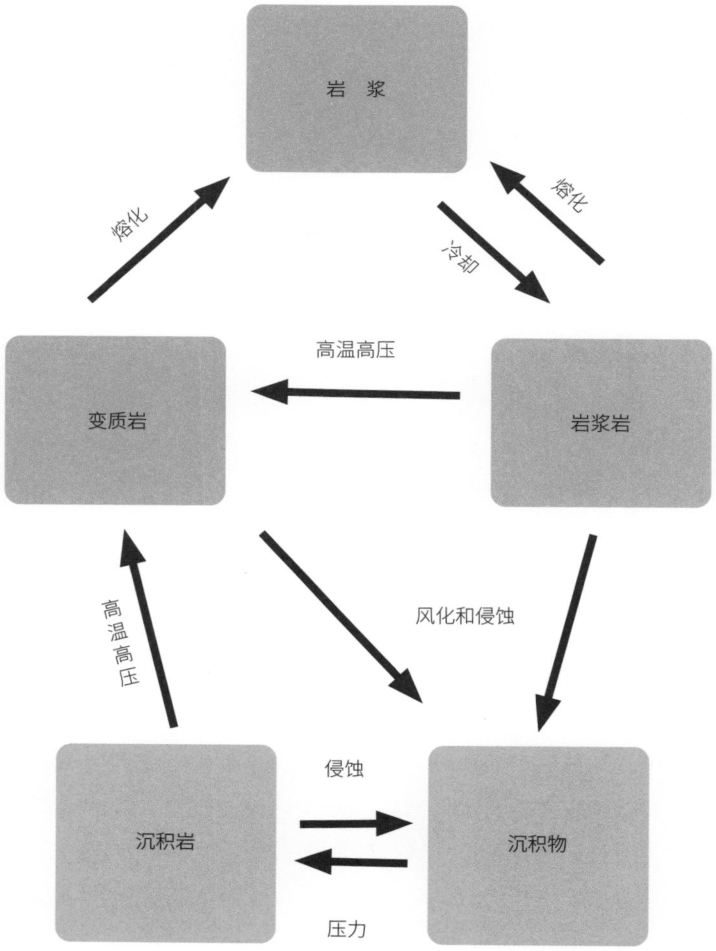

岩　浆

熔化

熔化

冷却

高温高压

变质岩

岩浆岩

风化和侵蚀

高温高压

侵蚀

沉积岩

沉积物

压力

岩石循环概述

从熔融岩浆中生长

Grown from Molten Magma

岩浆岩是由炽热的岩浆形成的，在地球表面和深处都能找到。岩浆中有包括气体在内的多种元素，当它冷却时可以形成连生晶，岩浆运移到地球表面时，如果气体压力过高，甚至还会发生爆炸。

在地球内部，有的地方岩浆流不动了，就在原地冷凝结晶形成岩浆岩，有的地方则是原本有岩浆岩，却又遇热熔融成岩浆。上述情形可以在这些地方找到：火山下方的岩浆房、穿过地壳到达地表的岩浆管道、呈薄片状大片的岩床和岩脉等。

岩浆和岩浆岩也可以在山脉的基底处找到，在那里，熔岩形成叫作岩基的大型花岗岩构造；另外，岩浆岩也构成了大洋地壳的基底。

岩浆到达地表时，可以以熔岩的形式喷发，也可以发生爆炸，使得炽热的岩石碎片和火山灰形成火山碎屑岩。熔岩及火山碎屑岩是火山构造的组成部分，它们也不断生成新的洋底地表，像传送带一样从大洋中脊处不断向外扩展。熔岩在水的作用下会形成枕状构造。像黑曜石、浮石和玄武岩这样的岩石构成了火山地貌。如果沿着火山路线进入地球，你很可能会看到此类景象，但无论哪种方式，只要你下入地壳探索，岩浆岩都将成为你周围环境的很大一部分。

俯瞰瓦努阿图的马鲁姆火山口

沉积层“蛋糕”
A Sedimentary Layer Cake

下降到地球内部时，你看到的许多奇妙岩层都是由沉积岩构成的。这些种类繁多的岩石通常是化石的发源地，由破碎、风化的其他岩石碎片和贝壳碎片组成，有时还含有矿物质发育。

暴露在山中的岩浆岩和变质岩受到雨、风和冰川的侵蚀，分解成石英、黏土等组成它们的矿物。这些经过河流的冲刷，沉积在洪泛平原上或进入海中。在这些地方，它们继续形成沉积层。

在珊瑚礁中，岩石层是由连续多代珊瑚生长和石灰岩沉淀形成的。它们可以在大陆边缘的热带水域或火山岛（环礁）周围形成。

在极端的例子中，板块运动截断整个海洋，会造成大量水分的蒸发，形成巨大的岩盐和石膏层。

在类似蛋糕的沉积层中，用你的放大镜去探索各层岩石是由什么颗粒组成的，在化石中寻找史前生命的证据，看看这些岩石层是如何从沉积在古代大陆的层（通常带有红色色调）慢慢转换成那些沉积在地球最古老海洋中的层的。

对页图：科罗拉多河马蹄湾的沉积岩层

弯扭的岩石

Bent and Twisted Rocks

热量和压力会导致变化。地球内部的巨大力量可以把沉积岩和岩浆岩扭曲变形，使其变得面目全非。

这些变质岩是在造山运动或俯冲作用的压力下发生扭曲变形的，此外还受到了放射性衰变的加热作用。它们以各种各样的形式出现，有的在外观上接近它们以前的岩石类型，有的在形成的过程中完全被改变。中低级变质岩是指经历过中等温度和压力的变质岩；而高级变质岩是指经历过极端温度和压力的变质岩。

在最极端的情况下，岩石本身也会开始熔融。有许多丰富多彩的变质矿物可供寻找，你也可以找到褶皱和扭曲的岩层，它们记录着变质作用的痕迹。

片岩、片麻岩等岩石和石榴石等矿物都属于变质岩系。

随着时间推移而变形的岩石示例

你会在山脉的基底和俯冲带发现这样的岩石，如果足够幸运，你可能还会在那里发现一些蓝色或绿色的岩石，它们被称作蓝片岩和榴辉岩。往地球深处前进时，记得注意一下岩石是如何变化的；在接近最高级变质岩时，你会注意到那里的岩石几乎像牙膏一样，可见它们的变形和重结晶程度有多大。

七种结晶形态

The Seven Crystal Forms

从雪花到地球上最大的水晶，我们很小的时候就对晶体奇妙的自然形态充满好奇。有些人会有一个水晶花园，在那里，我们把化学物质混合到一起，然后让它们蒸发，从而在一个容器里培育出独属自己的结晶形状。

穿过地球上的岩层时，你可能会注意到遇见的许多晶体

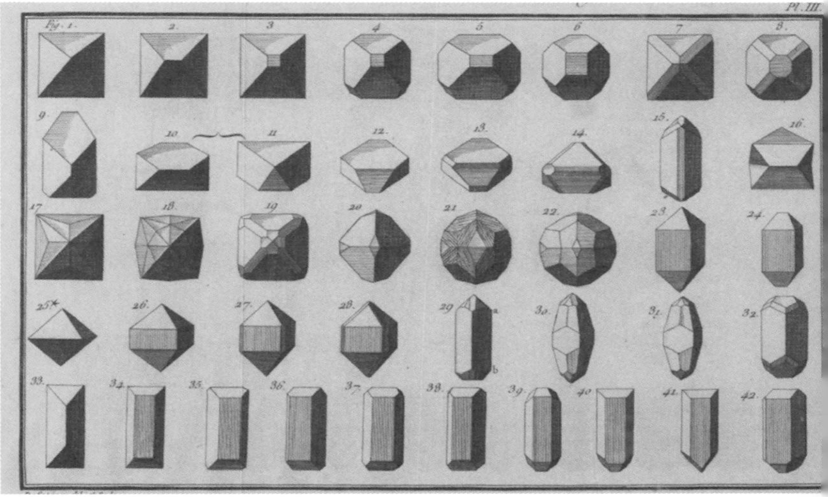

一些常见晶体形态的典型素描，让 - 巴蒂斯特 · 路易 · 罗梅德 · 莱斯利绘，1783 年

形态都有一些共同的特征。这是因为所有的矿物都隶属于七种晶体结构类型（七大晶系）。不同类型决定了矿物的形态，反过来这又导致了它们的各种形状。

最简单的形式是等轴晶系（可以理解为各向同性），其中有许多等边形状的晶体。属于这一类的典型矿物有黄铁矿、萤石、岩盐和金刚石。甚至金元素偶尔也会以等轴晶体的形式出现。然后是四方晶系，三条晶轴中两条相等，另一条不同，就像一包长条方糖。这种形式的例子包括金红石和锆石。接下来是斜方晶系（例如黄玉、重晶石和文石），它的三个晶轴都有不同的长度，就像火柴盒那样。

之后的种类形态就变得相当复杂了。单斜晶系（如石膏、蓝铜矿和白云母）的一条晶轴会与其他晶轴呈一定角度。在三斜晶系中，所有晶轴长度不同，角度也不同（均不是90°），例如钠长石和蓝晶石。三方晶系（也称为菱面体晶系）有三条相等的晶轴，这些晶轴以非直角的等角分开，还有另一个单独的第四晶轴（如方解石、石英和红宝石、蓝宝石这样的刚玉）。六方晶系（如绿柱石，包括祖母绿和海蓝宝石）的一条晶轴上有六重对称性，可以形成六边形。

如果这一切听起来很复杂，请不要担心：你的“小猎犬号”中会有一个装着这些简单晶体形状的盒子，可以用来与找到的晶体做对比。看看你是否能找到相似的形状，甚至辨认出一些矿物。

多坚硬才算硬

How Hard is Hard?

所有的岩石都是由矿物构成的，而矿物又各不相同。这可能是由于它们的组成和所属的结晶系统类型有所差异，而这些反过来又有助于我们确定矿物的关键性质，其中之一就是硬度。有一个软硬等级来定义矿物的强度。这基本上是通过测试哪些矿物能够在比自身更软的矿物上留下划痕来评判的。矿物的莫氏硬度范围是从 1（最软）到 10（最硬）。

所有矿物的硬度都在这个衡量范围内，有一些关键的矿物可以帮助我们理解这套等级，有一些是我们熟悉的，但也有一些不太为人所知。硬度为 1 的是滑石，2 ~ 5 分别是石膏、方解石、萤石和磷灰石（这是一种逆向排序，因此最坚硬的不是 1 而是 10），6 是长石，7 是常见矿物石英。最后，排名前三（逆序）的是黄玉（8）、刚玉（9）和其中最坚硬的金刚石（10）。

这套硬度表的有趣之处在于，你还可以用各种各样的东西来测试遇到的任何矿物的硬度：你的指甲（2.5）、一枚铜币（3.5）、一枚钢钉（5.5）、玻璃板（6）和一块矿物条痕板（硬度接近 7）。你可以在“小猎犬号”配备的科学工具包中找到这些以及晶体的形状模型。

时间机器的故事
Tales from the Time Machine

理解生活必须回头看，而过此一生只能朝前走。

索伦·克尔凯郭尔（Søren Kierkegaard）

时间的层次

The Layers of Time

你可能会认为，随着越来越深入地球内部，岩石也会越来越老。在很大程度上，这么想没错，而且挺合乎逻辑的。如果新的岩石是在地表形成的，那么再有更新的岩石形成，原有的就会被掩埋，于是越往下岩石就越“老”。然而，由于地球板块在随着时间的推移缓慢运动，新老岩石可能会碰撞在一起，导致较老的岩石移动到年轻的岩石之上，因此在某些情况下，形势可能会发生逆转。

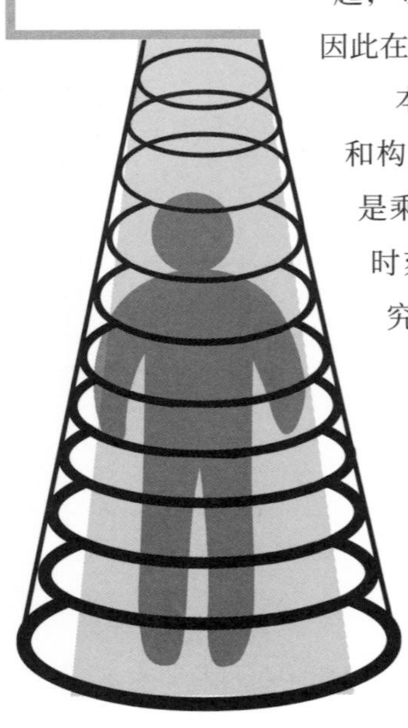

本章是你探索记录地球地质历史的地层和构造的机会。乘坐“小猎犬号”，你就像是乘坐着时间机器，回溯地球历史的关键时刻。46 亿年的历史尽收眼底，值得研究的东西可真不少。

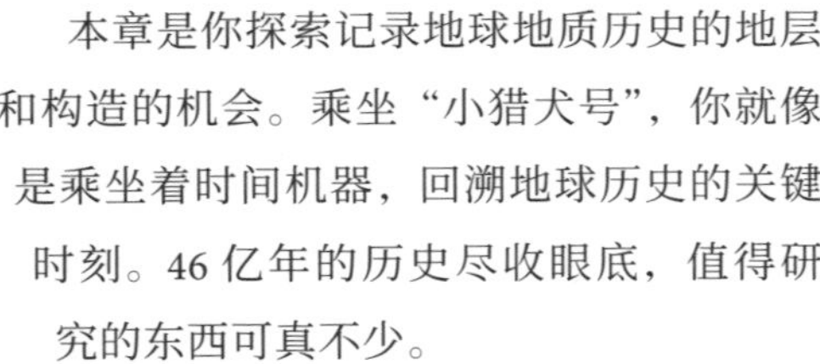

许多漫游者都说这段旅程是最超值的，因为各种各样的岩石、化石，以及奇观异景能把人带回童年时代，或者是把人带回自己第一次被周围的自然世界所吸引的时刻。本章中，你将了解时间机器的一些功能，所以，坐下来，把“小猎犬号”的仪

岩层层数相当于地球历史的时间层数

表盘调到地球过去的某个时间，你就会看到一张三维地图，上面显示了你可以在这个星球内部探索的地方，以及那个时代的岩石存在的地方。

还在等什么，去看看吧！

地质记录
The Geological Record

迄今为止的 46 亿年历史中，地球内部发生了许多变化。这漫长的时间被我们记录了下来，并分割成地质年代表。

整体上，地质年代表一直在根据科学家多年来观测到的关键变化有所调整，而这些变化又与地球内部的重大变化有关。漫游期间，你应该开始熟悉像前寒武纪、古生代、中生代和新生代这样的术语了，以及如侏罗纪、白垩纪这样更细分的时期。

地质年代表的后半部分围绕着生命的演化展开，从寒武纪生命大爆发到一些关键事件，如二叠纪末大灭绝。

在地壳、地幔和地核内旅行时，你的“小猎犬号”拥有地质年代表作为时间表，并且会不断更新。

你可以清楚地看到自己所穿越的岩层来自哪个时期，这将有助于你探索不同的地质时期，也将使你能够找到关键的岩石类型或寻找各种类型的化石宝藏。

对页图：我们穿越时空时的地质编录概览

新生代

第四纪 更新世 / 全新世 257 万年前 ~	新近纪 （中新世 / 上新世） 2299 万 ~ 258 万年前	古近纪 （古新世 / 始新世 / 渐新世） 6600 万 ~ 2300 万年前

中生代

白垩纪 1.45 亿 ~ 6601 万年前	侏罗纪 2.01 亿 ~ 1.46 亿年前	三叠纪 2.52 亿 ~ 2.02 亿年前

古生代

二叠纪 2.98 亿 ~ 2.53 亿年前	石炭纪 3.58 亿 ~ 2.99 亿年前	泥盆纪 4.19 亿 ~ 3.59 亿年前
志留纪 4.43 亿 ~ 4.20 亿年前	奥陶纪 4.85 亿 ~ 4.44 亿年前	寒武纪 5.41 亿 ~ 4.86 亿年前

元古代

新元古代 10 亿 ~ 5.42 亿年前	中元古代 16 亿 ~ 11 亿年前	古元古代 25 亿 ~ 17 亿年前

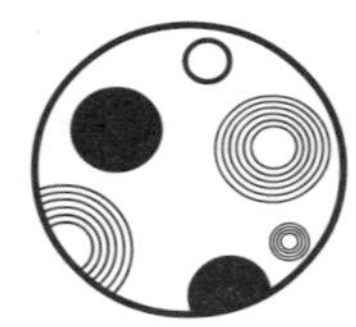

最古老的岩石
The Oldest Rocks

要找到地球上最古老的岩石，你需要去地壳中探索板块构造引擎在地球上持续数百万年的活动、撞击和破坏后幸存下来的部分。

这就是地球大陆地壳中被称作“克拉通”的部分，自前寒武纪时期以来，它们或多或少都比较稳定，并且存在于主要的大陆板块中：非洲、南美洲、北美洲、欧亚和印澳都有显著的实例。地球上最古老的岩石是在克拉通中发现的，通常是用锆石等矿物中的铀铅衰变来确定其年代，而锆石是非常坚固可靠的地质年龄记录器。

在加拿大西北部的从属克拉通（Slave craton）中发现了地球上最古老的岩石，大约有 40.31 亿年的历史。它们是一种名为片麻岩的变质岩实例。人们已经测定过年代的地球上最古老的碎片是从 30 亿年前沉积的古代沉积物中发现的一颗锆石颗粒。这个颗粒本身是从一块岩石上侵蚀剥落的，经测定，其年龄为 44.04 亿年。

无论如何，你可能都将前往某个克拉通，去寻找钻石，但请密切注意你的地质时间仪表盘，因为你永远不知道“小猎犬号”将带你回到多久以前，没准你能找到一个更古老的地球岩石标本。

美国密歇根州克拉通的裸露部分，展示了如冰川般光滑的古老绿岩（玄武岩经变质作用形成的枕状熔岩）

大冰期时代的痕迹

Trail of the Ice Ages

要追溯过去，深入研究格陵兰岛或南极洲的巨大冰原是一件令人着迷的事情：研究南极洲可以作为参观沃斯托克湖任务的一部分，一并完成。

向下穿过这些圈层的时候，你实际上是回到了过去，可以找到多年来地球气候变化的信息。从南极洲钻取的一条极长冰芯已经呈现了过去大约 80 万年的气候记录，人们认为，在南极洲最深的冰层中，甚至可以找到 150 万年前形成的冰。

冰芯样本表明地球的气候既有过温暖时期也有过寒冷时期。寒冷时期称为冰期，较暖时期称为间冰期。但是大冰期

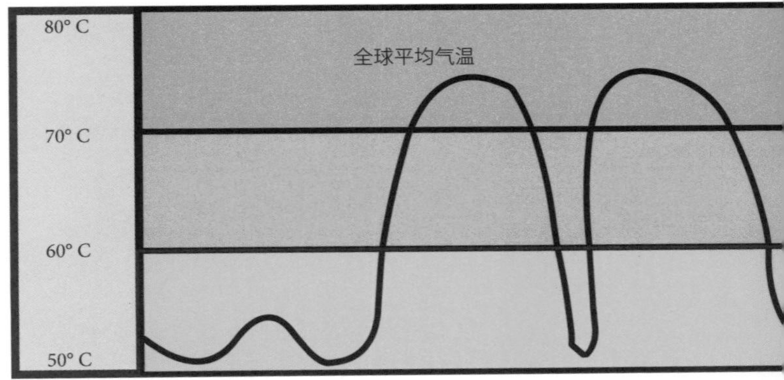

呢？实际上，我们现在就处于一个大冰期，地球过去至少出现过五个主要的大冰期。

为了更深入地了解地球在冰层中保存的最古老时期以外的冰封过去，你需要在岩石记录中寻找特殊的线索。

不仅仅是地表的 U 形谷和鼓丘地貌提供的地球上较冷时期的证据，某些类型的沉积物也可以在岩石记录中揭示冰期。在这里，你需要寻找特定的线索，比如随机的“坠石”（巨大的岩石位于深海沉积物中，这些沉积物是从远古海洋的重叠冰体上掉落下来的）。

或者，你可能会在一些岩石中发现巨大的冰川沉积物（冰碛物），这些岩石出现的位置比较接近赤道，而一般这样的地方不会结冰。所有这些都是你在穿越冰原以外的地质历史时可以寻找的线索。除此之外，还有一个最大的大冰期，那时整个地球就像一个雪球……

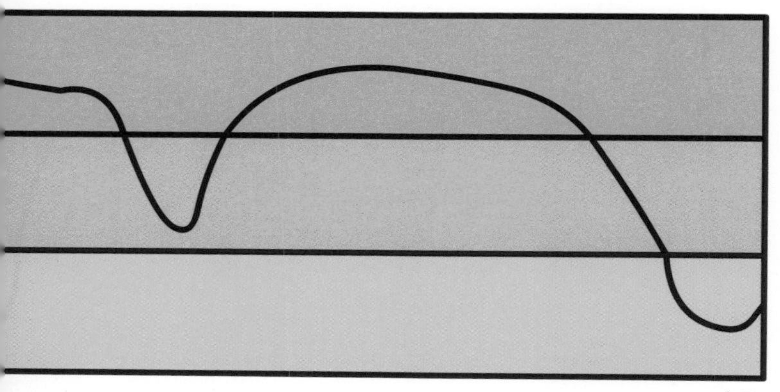

今天

当地球还是雪球的时候

When the Earth was a Snowball

如果认为冬天很冷的话，你总可以躲到更温暖的地方去享受一些宝贵的阳光。然而，在地球暗淡而遥远的过去，曾经有过到处都是冬季的时候。想象一下，在一个被称为“雪球地球”的时代，即使是在赤道，我们肉眼所能看到的远方也都是冰冷的荒原。

地球在很长一段时间内都比现在冷得多，那段时间被称为大冰期（但不要与冰期混淆）。正如我们所看到的，地球上有五个主要的大冰期。它们是休伦期（约 24 亿 ~ 21 亿年前）、成冰期（约 8.5 亿 ~ 6.3 亿年前）、安第 – 撒哈拉冰期（约 4.6

亿 ~ 4.2 亿年前)、卡鲁冰期(约 3.6 亿 ~ 2.6 亿年前)和当前的第四纪冰期(始于约 260 万年前并持续至今)。成冰期被认为是极漫长的一个冰河时代，并创造了“雪球地球”一词。这是因为人们相信，成冰期的巨大冰原实际上到达了赤道，从而把地球变成了一个巨大的雪球。

尽管今天看不到那时的冰了，但你可以在“小猎犬号”里通过钻取相应时代的岩石寻找线索。古冰川沉积物被称为“混杂陆源碎屑岩”，是分选非常差的大陆沉积物(在当今的例子中称为冰碛物)，许多都是在成冰期的地质记录中发现的。可能有的岩石上会有“擦痕”，这是冰川移动留下的刮擦痕迹，你甚至可能幸运地在深水沉积物中找到一块坠石。

如果你发现了这样的一些线索，“小猎犬号”也告诉你在正确的岩层区间里(7.2 亿 ~ 6.35 亿年前的岩石)，那么你很可能是地球上有史以来最冷时期——“雪球地球”的见证人。

地球的大火成岩省

The Earth’s LIPs

在历史上，地球周期性地经历了大规模的火山活动，其规模我们见所未见。当时地球的热对流活跃，表面又有大陆在断裂和移动，这意味着时不时地就会有一股热流从地球深处冲上来，在地球的表面喷发，形成大火成岩省（LIPs）。

大火成岩省伴有大量的熔岩和气体，它们可以在相对较短的地质时间段（100 万年或更短）内在地球内部聚集，从而给我们的星球造成压力。大火成岩省与地球上的一些重大危机有关，在过去几亿年的时间里，大火成岩省塑造了地球演变的进程。

人们认为它们主要是由所谓的“地幔柱”引起的。这些上升的地幔柱带来了炙热而肥沃的地幔物质，随时会以熔融状态涌出地表。最终的结果是迅速熔融和火山爆发，形成一个大火成岩省。

这些大规模的地质活动在地球上留下了巨大的伤疤，在遗留痕迹处可以发现、探索巨大的火山岩。地球的大火成岩省地图经常与火山地区重叠。你可以驾驶“小猎犬号”探索一些关键的大火成岩省，包括 6600 万年前形成的德干大火成岩省，以及大约 2.52 亿年前喷发的西伯利亚大火成岩省。

地球生命线
Earth’s Lifeline

天堂在我们头顶之上，也在我们双脚之下。

亨利·戴维·梭罗
（Henry David Thoreau）

假如地球的历史是 24 小时

Earth as a 24-hour Clock

假设地球的历史只有 24 小时，我们准备从头到尾走一遭。请设好倒计时表。你会觉得，从 46 亿年前到今天，各种事情会飞快地在眼前发生……会这样吗？

做好准备——预备——开始！……00:10，我们看到了月球的形成，这是一个非常重大的事件。04:00 ~ 05:30，我们看到了生命的起源和最古老的化石。

嗯……这会儿似乎没有什么事情发生，我想可以先去睡

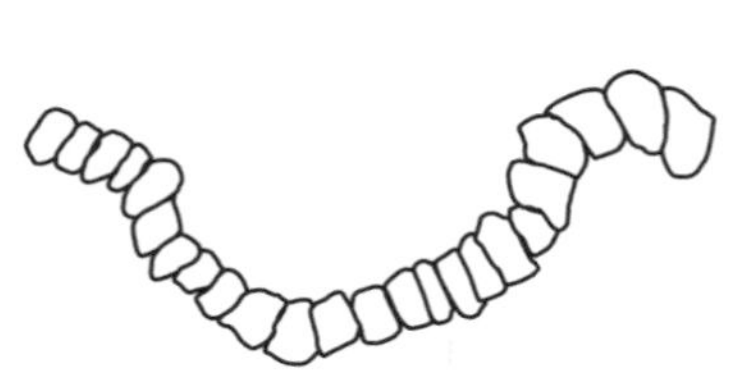

最初的植物化石 04:30

大气开始含有氧气

地球时间线上的一些重要时间点

会儿。到大约 11:00 时，会发生大气的大氧化事件，我们不妨让闹铃暂停一下，继续睡下去，等到寒武纪生命大爆发，也就是生命真正开始的时候，再让闹钟唤醒我们。

恐怕闹铃要过好长一段时间，等到 21:00 再响起，三叶虫生命力大比拼（见下一节）将在 21:10 左右开始，随后第一批昆虫会出现。

恐龙最终在 22:56 左右登场，但它们不会停留太久：它们大部分将在 23:40 左右消失，上场时间非常短暂。要到午夜即将来临之际（大约 23:59），第一批类人动物（统称为人科动物）才会出现。

呵，就是这样！从这个角度来想，我们来到这个世界的时间并不长，但你在去地心的旅途中，会有机会看到所有被锁定在地层中的时间，别担心，这肯定会比 24 小时长得多。

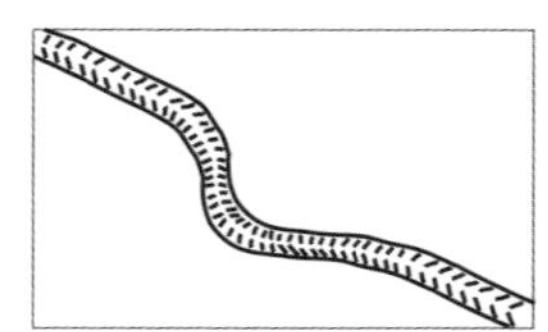

三叶虫生命力大比拼

The Trilobite Derby

曾经在地球上爬行过的各种生物中，三叶虫是非常具有多样性和标志性的一种。这是一类动物的总称，在寒武纪初期（约 5.21 亿年前）繁盛一时。那个时期被称作寒武纪生命大爆发。这是一个特殊的演化时期，大多数主要的动物门在此时期出现了。这些节肢动物看起来像是潮虫和帝王蟹的混合体，以海底为家。它们是很顽强的生物，以同一种形态存在了近 3 亿年，最终在二叠纪末期（大约 2.52 亿年前）灭绝。

它们在寒武纪和奥陶纪时期分布最广，当时海底到处都是三叶虫，就像在彼此角逐。它们的化石看上去就是那种让人起鸡皮疙瘩的爬虫，具有头部、胸部和尾部。有的长着尖刺，有的长着许多小晶状体组成的大复眼。还有一些长着奇怪的刺和触角，有时在它们的身体下面还隐藏着一些摆动的腿。

探索寒武纪和奥陶纪的化石层时，你有时会发现一种奇怪的遗迹化石，有点儿像恐龙的脚印，但要小得多。这是因为，有时候某只三叶虫所遗留下来的所有证据就只是它忙碌的脚步留下的痕迹所变成的化石，人们还赋予了这种痕迹化石一个很可爱的名字，叫克鲁斯迹（见上图）。

对页图：俄罗斯沃尔霍夫河发现的副角三叶虫（*Paraceraurus trilobite*）

珊瑚峡谷

The Coral Chasms

引人注目的并不总是大虫子和大型动物，有时引起巨大轰动的也可能是那些小东西。举一个积小成大的例子，白垩的形成：正如在英国的多佛白崖上看到的那样，另外，在白垩纪的岩石上，你也经常能切下一块白垩。

白垩是由名为颗石藻的微小海藻类化石组成的。另一个很好的例子是珊瑚。任何在大堡礁潜过水的人都会明白，随着时间的推移，这些小小的珊瑚生物可以建造出城市般的巨大碳酸盐岩礁结构。

在古代的岩石记录中，珊瑚也留下了自己的印记，我们可以在石灰岩中发现由珊瑚形成的巨大化石礁，尤其是在石炭纪（3.58 亿 ~ 3.25 亿年前），侏罗纪和白垩纪中也发现过很好的例子。松软的碳酸盐石灰岩容易受到地下水的侵蚀和溶解，形成巨大的洞穴网络，所以有时你会发现巨大的珊瑚峡谷，其中富含这些化石礁。在珊瑚礁周围能找到许多其他的生命形式，在地球历史上也是如此，这意味着在这里可以找到许多化石，所以要准备好你的鉴定手册和放大镜。

大堡礁的珊瑚

恐龙时代

Day of the Dinosaurs

每个人心中都有一个永远长不大、对恐龙无比着迷的自己，许多电影和书籍的灵感也来自对恐龙时代的想象，描绘这些庞然大物生活在地球上到处漫游的场景。虽然生活中无法看到这些长着鳞片的生命奇迹，但我们可以通过它们在地

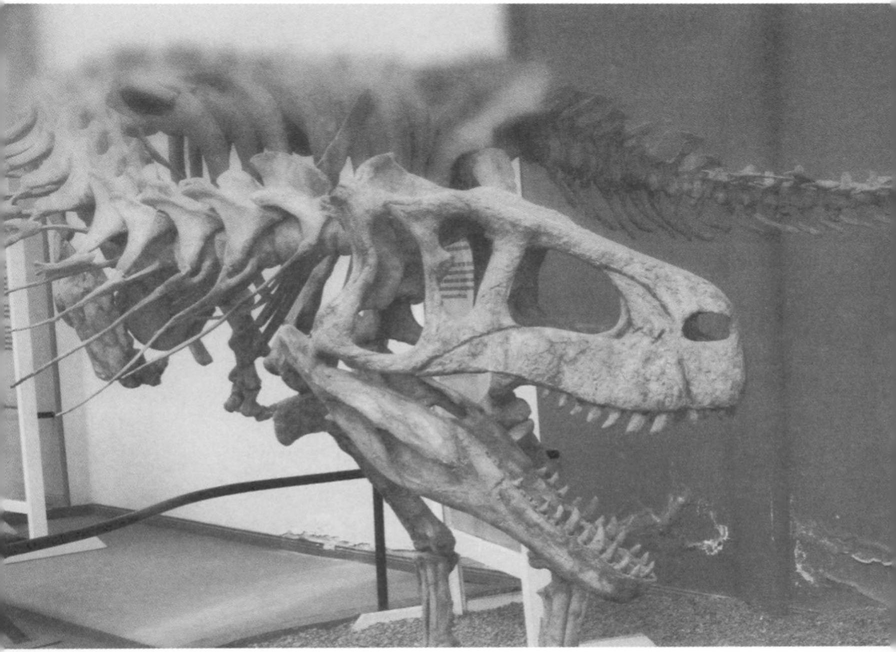

球上漫游时形成的岩石来寻找它们曾经存在的证据。这些证据可以在恐龙时代的化石遗存中找到。

在超过 1.7 亿年的时间里，恐龙在陆地上游荡、在海洋中游动，有些甚至在天空中飞翔。它们就像类鸟和爬行动物的混合物种，体形从最大到最小，应有尽有，“统治”着我们的星球，直到大约 6600 万年前它们中的多数灭绝。

要想看到这些神奇动物的遗骸，你需要对“小猎犬号”下达指令，让它寻找三叠纪、侏罗纪或白垩纪的岩石。最受欢迎的恐龙包括梁龙（生存时代约 1.52 亿年前）、三角龙（约 6800 万年前），当然，还有最重要的雷克斯暴龙（约 6800 万年前）。自“侏罗纪公园”系列电影上映以来，一些如伶盗龙（约 7500 万年前）的小型恐龙也变得更加广为人知。

如果幸运的话，你会发现骨骼化石，不过也可以找一下遗迹化石，例如古代砂岩中的恐龙脚印。如果真的很幸运，你可能会遇到一个恐龙巢穴，里面仍然有恐龙蛋，要是不嫌恶心，你甚至可以找到恐龙粪化石……

与恐龙面对面

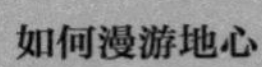

地球危机
Earth Crisis

地球并不总是一个适合居住的地方。在其漫长历史的某些阶段曾发生过一些重大事件，使气候产生灾难性的变化，导致同一地质时期的物种群死亡。

这些“地球危机”导致了大规模灭绝事件。自从岩石记录中发现生命物种以来，证实了地球上已经发生过好几次这样的事件。但究竟是什么导致了这些灭绝事件呢?

奥陶纪 - 志留纪灭绝

大约 4.39 亿年前，地球上 86%的生命由于冰川作用和海平面下降而灭绝，可能是由于气候变冷。

晚泥盆纪灭绝

大约 75%的物种在 3.64 亿年前的一次重大事件中或又经过很长一段时间后灭绝。三叶虫和许多其他物种几乎灭绝。

二叠纪 - 三叠纪灭绝

也被称为二叠纪末大灭绝，发生在约 2.52 亿年前，可能是火山活动导致的。它被认为是历史上规模最大的灭绝事件：只有 10%或更少的物种存活下来。

这场气候鸡尾酒会的主角之一是我们的火山朋友——在这种情况下，或许应该说是敌人。地球内部时不时地释放出一个热点或热流，像喷灯一样加热地壳和地幔上部。这种过剩的热量会导致在很短的地质时间内产生大量的岩浆并喷发，也就是大火成岩省。其结果是一波气体排入大气层，改变了大气，导致了地球危机。其中最广为人知的是二叠纪末的大灭绝事件。当你在这个星球上旅行时，可以去参观该事件和其他事件发生时期的岩石。有的情况甚至更复杂，例如，火山和其他事件同时发生，比如彗星撞击，各种影响叠加，最终导致了地球的危机。

三叠纪 - 侏罗纪灭绝

发生在 2.14 亿～1.99 亿年前。许多物种因火山活动、气候变化而灭绝，也有可能遭受了小行星撞击。

白垩纪 - 古近纪灭绝

五次生物大灭绝中最著名的一个，它导致了恐龙几乎全部灭绝。6600 万年前，火山活动、小行星撞击和气候变化终结了地球上 76%的物种。

我们会是下一个吗？

最大的问题是，当前的全新世时期是否正在走向第六次生物大灭绝。人类活动和气候变化已经加速了许多物种灭绝。

西伯利亚的灾难故事

A Siberian Tale of Disaster

在地球上有重要生命活动的时期，我们从未见过像二叠纪末期地球经历的那种灾难。一系列事件共同导致了地球上最致命的那场生物大灭绝。你可以探索与这一过程有关的岩石，以及记录下了这一时期事件的沉积物中的“死亡区”。将你的“小猎犬号”仪表盘调整到 2.52 亿年前，输入关键字“西伯利亚”，你就会被带到西伯利亚高原周围的盆地，那里有这场灾难性事件，也就是众所周知的二叠纪末大灭绝的证据。

首先，你在沉积物中钻行的时候，会碰上大规模的熔岩流以及地下火成岩侵入体，这些现象是这里发生的一场重大的火山事件的标志，即西伯利亚大火成岩省，这是地球有史以来最大规模的大火成岩省。

你可能在这些侵入岩的顶端发现一些奇怪的管道结构，这些结构一直延伸到地表。它们标志着有毒气体喷发的位置，这些成吨的有毒气体是在侵入体沸腾时分异出来的，与火山喷发产生的气体一起导致了大规模的气候危机。

就这样，超过 90%的海洋物种和大约 70%的陆地生物遭受灭顶之灾。这是可能由一次重大火山事件引起的大规模灭绝的最典型例子。再来看看这个二叠纪末地层的沉积物序列，穿过这个地层的边界时，你会看到生命形式是如何消失的。

当时西伯利亚大火成岩省的熔岩流应该就是来自像发生在冰岛的这种大规模玄武岩熔岩喷发

恐龙都去哪儿了

Where Have All The Dinosaurs Gone?

大约 6600 万年前，地球上发生了一次著名的大灭绝事件，导致了恐龙、菊石和其他一些物种的灭绝。大约在这个时候，大量的熔岩喷涌而出，吞噬了印度的大片地区，形成了又厚又广的岩石群，被称为德干大火成岩省。

与其他大火成岩省一样，德干大火成岩省也造成了一场地球危机。然而，这场危机还有其他的剧情，因为还有一次彗星撞击事件跟这场大灭绝事件有关系。

究竟是火山爆发还是彗星撞击导致了大多数恐龙及其他生命形式在白垩纪末期灭绝，目前还没有定论。很可能，是二者碰巧同时发生，给地球气候带来了过大的压力。

穿过厚厚的火山岩层构成的德干山脉，肯定会让你觉得不虚此行，因为你有可能在地球内部碰到证明这次灭绝事件实际发生时间的确凿证据，甚至还有可能找到一些在德干的大批火山最早爆发时丢失的最后的恐龙蛋。

你也可以寻找著名的铱峰值层，它标志着彗星撞击的时刻，因为这一层也可以在熔岩流中找到，这表明这两个灾难性事件在地球历史上发生时间间隔非常近。当你从最后一个熔岩流的顶端出来时，你很可能会思考：恐龙都去哪儿了？

从印度默哈伯莱什沃尔看西高止山脉展现出的大火成岩省“阶梯”状特点

发现地球上的幸存者
Spotting Earth’s Survivors

在今天的地球上，有极少数非同寻常的动物已经存在了很长很长的时间。它们中的一些至少已经存在了超过 100 万年——至少从它们的祖先开始算是这样——而没有发生太大的演变。这群幸存者完美地适应了环境，所以在其他生物灭绝时它们能够幸免于难。

你可以追溯到过去的四个例子是鹦鹉螺、蜻蜓、叠层石和鲨鱼（右图）。其中存在时间最短的蜻蜓可追溯到 3.15 亿年前，在石炭纪的古沼泽岩石中发现了其物种化石。

鲨鱼可以追溯到大约 4.05 亿年前（电影《大白鲨》的故事要是从这时候讲起可就太长了）。鹦鹉螺可以追溯到更早的寒武纪晚期，大约 5 亿年前。

四个例子中最古老的是叠层石，大约有 37 亿年的历史，因为浅水微生物是地球上最早的生命形式。把“小猎犬号”的仪表盘调到每个物种最古老的时间，看看你是否能找到这些适应性强的幸存者的一些最早的样本。

在深处

In The Deep

无论在哪里看到一个洞，他总是想知晓其深度。对他来说这很重要。

儒勒·凡尔纳（Jules Verne）

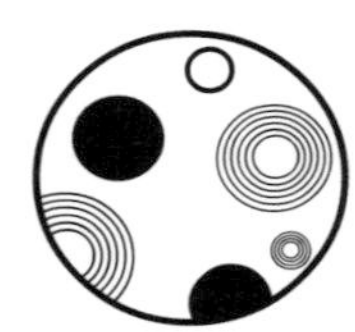

低速层
The Low Velocity Zone

低速层靠近构成岩石层和软流圈的上地幔边缘，在海洋扩张中心下方约 50 千米至 65 千米处，在较古老的大洋地壳下方约 120 千米处。其主要特征是：与周围环境相比，经过此区域的地震波横波传播速度异常慢。这意味着地震波纵波和横波的传播速度有所减慢，并且部分横波被吸收。

为什么会这么慢？这个区域有些特殊，因为它包含非常少量的熔体：岩浆位于地幔这部分的晶体颗粒之间，这就解释了为什么地震波在这里会有所变化。

如果是在大洋中脊那样的地方，这些熔化物可以产生岩浆，涌出到达地球表面。所以，从这个角度看，沿着低速层行进时，你就等于是穿过了地球的内部圈层之一，那里是岩石等熔融的地方，可能也是火山形成的地方。

事实上，火山的形成需要满足很多特殊的条件。然而，显而易见的是，这些条件很可能在低速层出现。

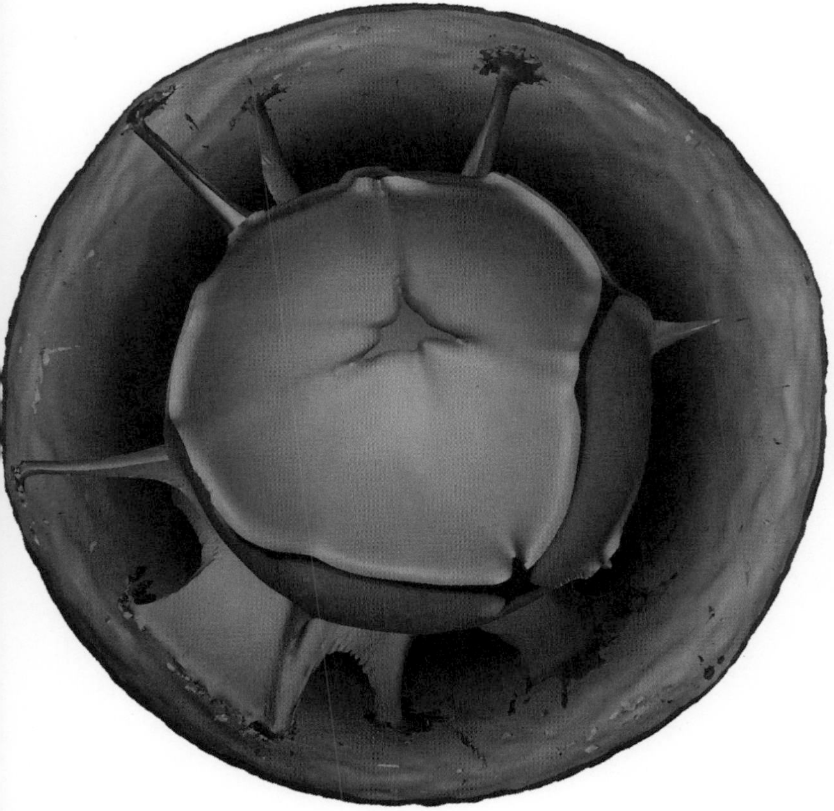

这是使用数字化技术生成的地球内部图像，地幔中的热流柱一直延伸至地表（见下一页）

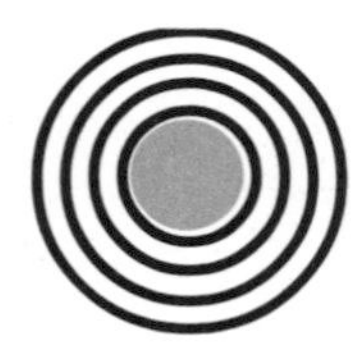

寻找热流柱

Hot-spotting Your Plumes

驾驶“小猎犬号”穿越地幔时，你将有机会看到地球内部物质交换的最深处的实例。被称作地幔柱或热流柱的构造是地幔中异常高温、有时构成成分也有所不同的部分缓慢上升形成的。

这些特征的地表表现形式往往被称为“热点”。它们在大洋地壳上会非常明显。它们代表了地球表面的一些位置，在那

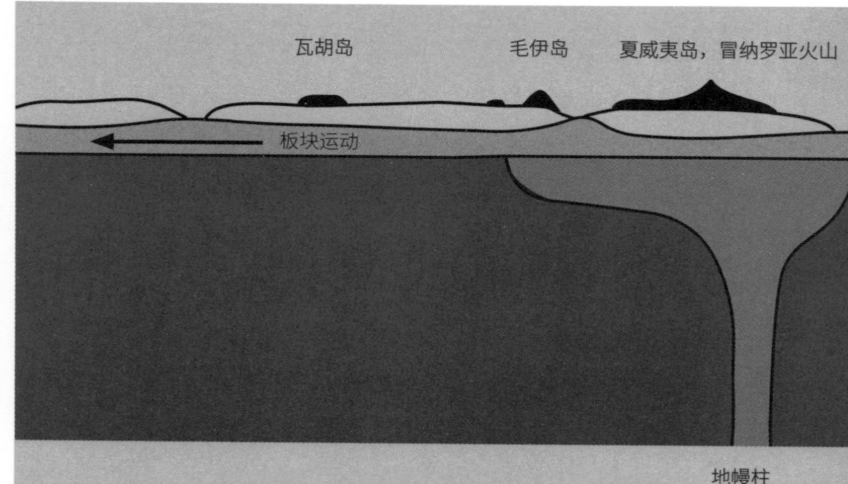

夏威夷热点——从右到左，这些火山（有几个较小的没有标示出来）逐渐变小、变老

里，热流柱的上升导致大量岩石熔融，火山活动活跃。这些构造大致呈圆柱形，可以从地幔的极深处升起，深度甚至到达核幔边界。

在热流柱对大洋地壳产生的影响中，最典型的痕迹是夏威夷热点。当太平洋板块在上方穿过这一地幔柱时，夏威夷下方的地幔柱（大家可以将其想象成地幔中的喷灯）导致板块岩石大量熔融，产生了一座地球上的大火山（冒纳罗亚火山），也从而形成了夏威夷岛（夏威夷群岛中的最大岛屿，又称大岛）。然而，太平洋板块在持续运动，于是产生了所谓的热点轨迹，其形成过程是随着板块移动，热流柱形成的火山的中心陆续被推移离开热流柱，于是形成了一连串火山。查看夏威夷群岛以及周围的海底，能够看到这条火山链，冒出海面的火山形成岛屿，没有冒出来的构成海底山脉，这些岛屿和火山是地幔柱在板块表面留下的热点移动轨迹，它们是陆续移动离开热流柱中心的热点。探索这些地幔内部的旋涡结构简直棒极了，而且它们也是返回地表的热门路线。

在核幔边界冲浪

Surfing the Core-Mantle Boundary

地球深处一个重要的圈层是核幔边界。这标志着我们从固态硅酸盐地幔进入富含铁和镍的液态物质区域。

这个边界名为“古登堡间断面”，以德国科学家本诺·古登堡（Beno Gutenberg，1889 — 1960）的名字命名，他花了大量的时间来确定它的位置。

接近这个边界时，你会注意到外界开始发生变化，地幔会变得非常不同。这是地幔最下部的 D" 层（见第 30 页），你应该在距离核幔边界大约 200 千米时就能体验到差异，除非你靠近太平洋板块和非洲板块（见下一节）下面发现的巨大异常现象“超级海隆”。

复杂的矿物学变化就发生在核幔边界的上方和附近，目前还不完全清楚固态和液态区域之间接触面的性质是什么，沿着边界出现的小规模构造被称为超低速层。

由于这些复杂的情况，该层的实际表面不是一个简单的球体。事实上，这些差异的本质可能有助于形成和维持我们的磁场。你可以花些时间沿着外核的液态顶部冲浪，探索地球深处的这片迷人地带。

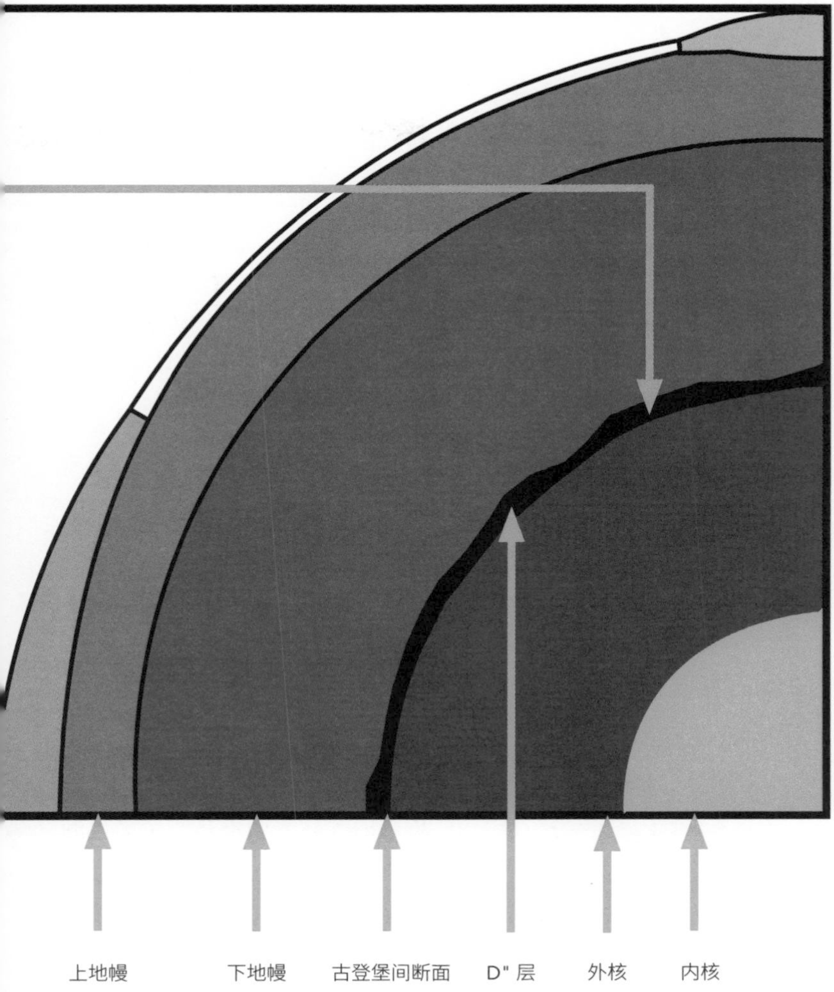

上地幔 下地幔 古登堡间断面 D" 层 外核 内核

核幔边界示意图

非洲和南太平洋的超级海隆

The African & South Pacific Superswells

几乎没人注意到地幔最深处的一些巨大异常，但是非洲南部的葡萄酒酿造者倒是很乐见有这样的异常。这是因为有两个特别广阔的地区，一个在太平洋下面，一个在非洲大陆下面，对地球表面有直接的影响。

这些区域被称为大型剪切波低速区（LLSVPs），它们相当于地幔底部异常低速的部分，从核幔边界显著上升。“小猎犬号”会对周围环境做出反应，所以驾驶它进入该区域（D" 层

非洲超级海隆和南太平洋超级海隆位置的示意图，它们分别被称为“图佐”（TUZO）和“杰森”（JASON）

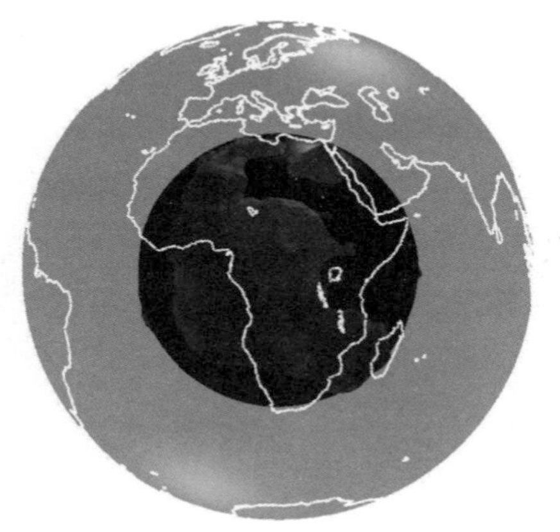

的延伸）时，你自然能感觉到这种变化。

就像收纳的时候我们喜欢把东西分门别类放进不同的盒子里，我们也给地球划分出主要的圈层。然而，地球系统的各圈层以一种更复杂的方式相互通信，从地核到地表，然后传输回去。这里有一张地球内部的简化示意图，显示了大型剪切波低速区，标识出了主要俯冲区域之间的主要隆起区域。因此，这颗行星被描述为一个二度地球（有两个下沉区和两个隆起区的模式）。这些大型剪切波低速区导致的地球表面隆起区域被称为非洲超级海隆和南太平洋超级海隆。非洲的海拔特别高，特别是在非洲大陆的南部和东部高原，这一特点在其周围的海底也能发现。大型剪切波低速区也与地幔柱的形成有关。不管怎样，它位于如今南非开普敦南部高地的下方，我们可以直接受益，因为这里的高海拔有利于葡萄生长。所以，当你啜饮南非葡萄酒时，别忘了向非洲的超级海隆举杯致敬。

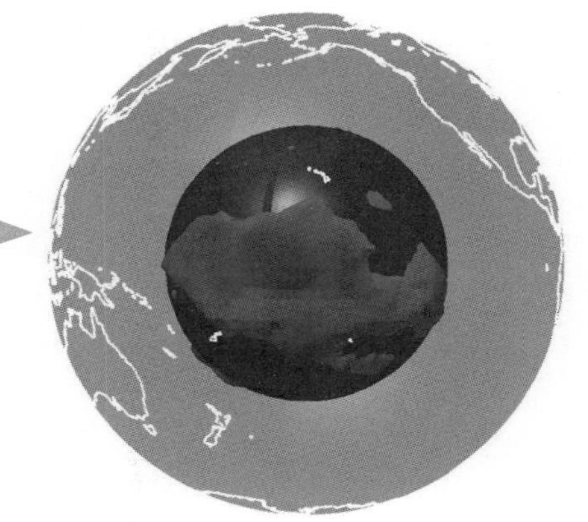

世界就在你的肩上

The World On Your Shoulders

“小猎犬号”分离舱抖动着停下来，就像一个正在嗡嗡振动的手机，然后归于安静。它预先就被设置成如此。你的仪表盘此时会全部亮起，驾驶舱上方会有一个大大的红色信号灯闪烁。过一会儿，你所选择的系统声音就会说：“欢迎来到地心，一路辛苦了。”（记住，你可以自行选择系统播报音，就像你车里的导航软件一样，还可以选用名人的声音。）

你可以阅读前往地心的所有路线信息，就像你的“小猎犬号”打印出来的《地心游记摘要》一样。这是你完整漫游日志的前半部分，后半部分是你的回程日志。你凝视着球面指南针在极度混乱中旋转时，四周则陷入了诡异的寂静。

就像希腊神话中的擎天巨神阿特拉斯一样，你头顶上的一切构成了地球。你终于做到了位于地球的中心。

花点儿时间回想一下你的成就。你所知道的一切都位于你所在之处的上方，而从这个点出发，你可以前往地球上的任何地方。

在这个阶段，你应该已经选好了返回的路线，所以如果还没有这样做的话，你需要把返航程序输入到“小猎犬号”的系统中。记住，如果你在下入地心的途中错过了什么，在到达所选的目的地之前，回程路上你还有一次机会去游览。

去程做得不错，欢迎到达蚯蚓的世界！

回归之旅
The Return Journey

回到一个未曾改变的地方，却发现自己已然改变，这是一件再好不过的事情。

纳尔逊·曼德拉（Nelson Mandela）

从核幔边界处开始的地幔隆起构造示意图。可以看到冰岛的地幔柱（虚线所示）正对着上方的厄赖法冰盖火山附近

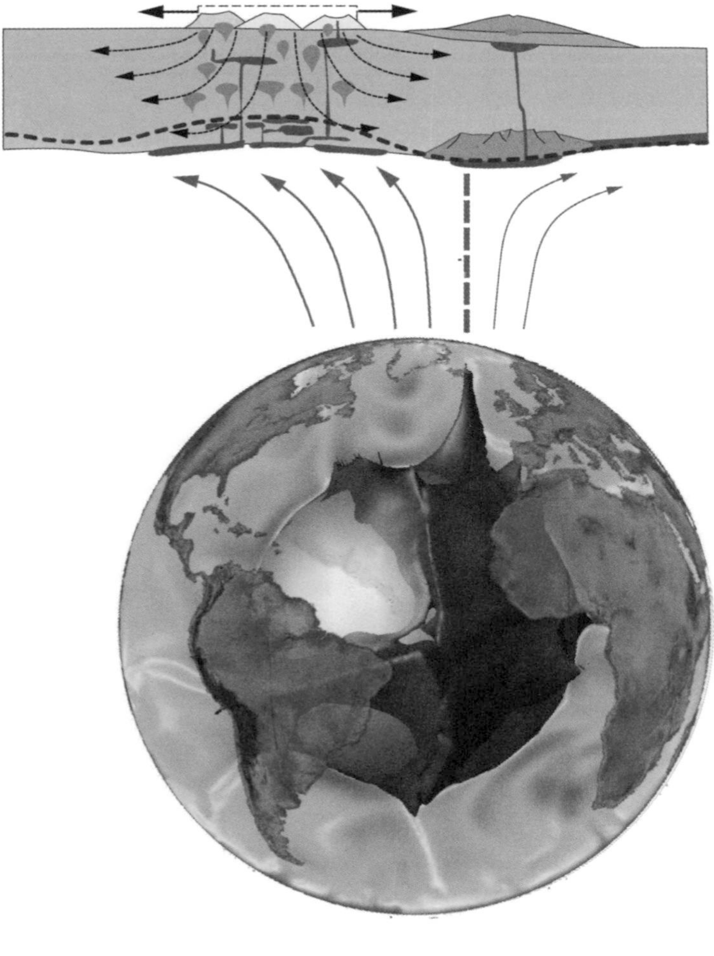

搭乘地幔柱

Riding The Mantle Plume

要从地心回家，你可以瞄准地表的任何地方。你可以全方位地选择想从哪里弹出，这可能取决于你住在哪里，或者是否想在旅行结束前多休几天假。为了方便回到地表，你可以借助地球内部的一些构造和运动送自己回家。

地幔柱是地幔物质从地球深处上升的热流。一些著名的不稳定地区，如冰岛和夏威夷，就坐落在这些构造的顶部，这有助于解释这些地区的火山起源。通过特殊成像技术，人们发现有些热流的根源能深达核幔边界区域。热流的上涌运动实际上非常缓慢，是随着地幔的对流和冷却而发生的，这些运动在地幔内形成了奇妙的三维泡状、管状等形状结构。顺着地幔柱上升还有一个好处，那就是可以游览火山内部。

你可以乘着地幔柱到达地表，从夏威夷冒出来。或者为什么不试试与儒勒·凡尔纳小说情节相反的操作，顺着冰岛的地幔柱来到地表，花一两天的时间探索冰岛的火山和冰盖呢？

这个位置就是凡尔纳震惊世人的小说《地心游记》的进入点，那么还有哪儿能比这里更适合结束你的冒险之旅呢？

异性相吸：180°方向

Opposites Attract: the 180° Way

从地心回归的一种常见选择是从你居住地的地球另一端冒出来。人们这样做，一是为了看看另一边是什么，二是获得一种探险后的放松。如果选择这种方式，你需要稍微当心一点儿，因为居住地正对的地球另一端可能在水下，你钻出来的地方可能是一片汪洋。

如果你家所在位置的地球另一端确实是大海的话，大多数人可能会就近选择一块陆地钻出来。有钱人就不一样了，他们有游艇，船上还备好了金汤力鸡尾酒，专等他们从地球深处返回。这些人在乘坐最后一次航班回家之前，还可以在海上享受几天的假期。

以地球上的某一地点起始，穿过地心后所抵达的地表另一端，我们称其为该地点的对跖点。如果你想采取这种进出地球的方式，那么从南美洲出发，你就会突然出现在中国、菲律宾或印度尼西亚附近。非洲的许多地区与太平洋上的岛屿形成对跖。从西班牙或葡萄牙出发，你可能会从新西兰回到地面。

如果选择了其他出发地，你需要研究一下附近的小岛，或者安排一艘船在对跖到达点等着你。这是因为地球上只有大约 15%的陆地有相应的对跖陆地。

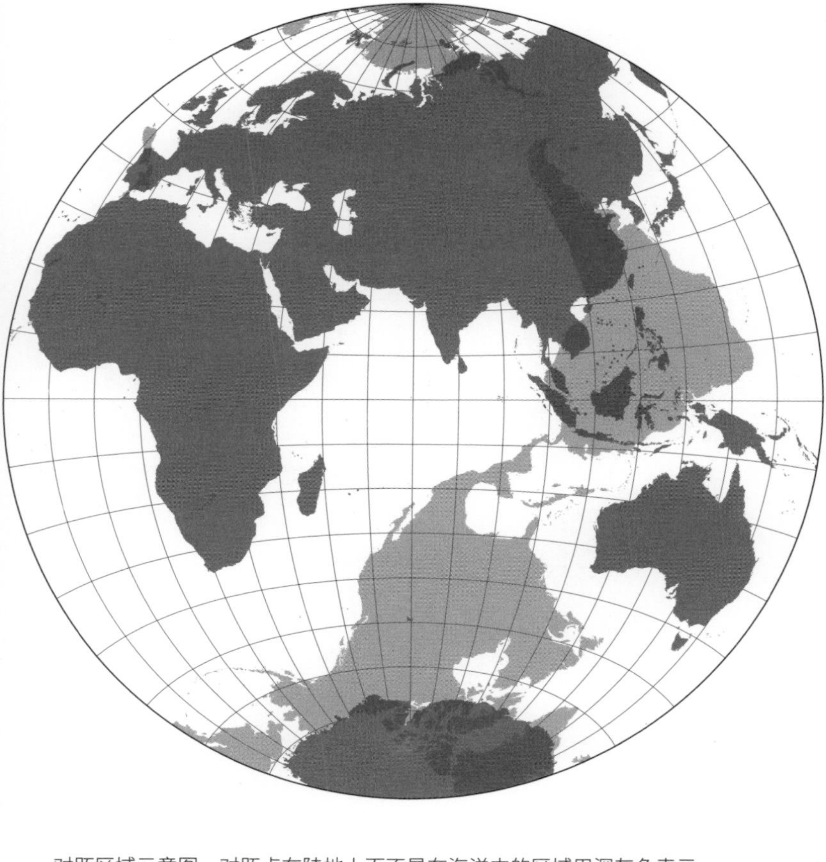

对跖区域示意图，对跖点在陆地上而不是在海洋中的区域用深灰色表示

选择你最喜欢的地标

Pick your Favourite Landmark

对于许多人来说，回到地表的旅程提供了一个理想的机会，使他们能够在一个自己特别想去的地标上出现，无论是一座标志性建筑，还是一处奇妙的景观，或是一个特定的位置，对他们来说都是意义非凡的。每个人都有自己的最爱，而“小猎犬号”分离舱的好处在于，你可以选择从任何地方冒出地面。

你的弹出位置可能是精神层面上的信仰之地，如泰姬陵或麦加，也可能是一些工程壮举，如埃菲尔铁塔或帝国大厦，甚至任何想参观的地标，只要你想。

乌鲁鲁

著名的地理奇观包括乌鲁鲁（旧称艾尔斯巨石）、大瀑布（如非洲的莫西奥图尼亚瀑布；南美洲的安赫尔瀑布；北美洲的尼亚加拉瀑布）、巍峨的高山（珠穆朗玛峰、乞力马扎罗山、马特洪峰），或者仅想最后游览一处美妙的风景，比如纳米布沙漠、佩恩蒂德沙漠、日本岛屿或挪威峡湾。

它们各有特色，但要记住，受欢迎的景点可能需要提前预订和计划，另外记得考虑好，到达最喜欢的地标后，你将如何回家。对于像乌鲁鲁这样的偏远地区，提前计划是特别重要的，你一定不想给自己的假期增加一段野外徒步。

回到地面，然后再次回到过去

Up and Then Back in Time Again

如果你是一位真正追求肾上腺素飙升的探险者，那么这个受欢迎的结局将会让你紧紧抓住“小猎犬号”分离舱的座位。穿过地球内部的时间层之后，你会突然出现在一个地方，在那里，你可以在一条湍急的河流中穿过几乎一半的地球历史。

我们谈论的正是美国大峡谷，这里是世界上最壮观的天然峡谷，你和“小猎犬号”可以选择在这近 430 千米的翻涌波涛中完成最后一段旅程。在和“小猎犬号”随波行进的最后这段旅程中，你会看到从近现代一直到前寒武纪时期的岩石。大峡谷有许多壮观的峡谷段，是 1869 年的第一支探险队给它们命名的，这些名字跟当地的岩石和风景的特点有关。

比如，进入马布尔峡谷，眼前的红墙洞会让你惊叹。鼓起勇气，进入花岗岩峡谷的入口，然后身陷“花岗岩之牢”，最后勇敢地冲下“熔岩瀑布”——大约 10 万年前，一股熔岩流进了峡谷，形成这段凶险的急流。你将一共穿越 80 个大急流，回到近 20 亿年前，只不过这次回溯发生在地球表面。

对页图：美国大峡谷

到自家后花园

In the Back Garden

你所经历的是一次非常特别的旅行，而且毫无疑问，你的朋友、家人和街坊邻居都会为你加油鼓劲，祝福你完成探险后成功返回。所以，返回的时候为什么不干脆直接到达自家后院或是城镇中心呢？

对于那些得到当地慷慨赞助的漫游者和为某项特殊事业筹集资金的人来说，这种安排尤其受欢迎。在拉满横幅和彩旗的喧嚣中返回，是一种非常难忘且值得纪念的结束方式。

如果回程出口要使用到城镇广场或某个当地纪念碑，你需要获得当地许可后才能从那儿冒出地面，这些可以作为抵达派对的一部分提前安排好。此外，还有一个整理事项需要提前计划好：填补好你返回地面时造成的洞口。幸运的是，“小猎犬号”分离舱的设计把对周围地面的破坏降到了最低，对于许多直接抵达自己家的人来说，在花园里留下一个小小的出口坑作为地标，将成为未来许多年里烧烤聚会上的一个绝佳话题。

你的奖杯——格特鲁德奖

Your Trophy - The Gertrude Award

完成一项重大成就理应获得证书、招贴牌或奖杯，这是一种庆祝的方式，也是一份可以向后代炫耀的持久纪念品。你的地心之旅也不例外，每一名踏上这段旅程的人从此都会被亲切地称为“蚯蚓人”，也都将获得一座奖杯以纪念他们的非凡壮举。回归地表时，你将在出口处获得这份奖励。在出发之前，你就应注意这一点，以便为仪式做好安排。

尽管没有出现在原著中，但在 1959 年由儒勒·凡尔纳的《地心游记》改编的电影中，鸭子格特鲁德成了主角。它是 IMDb 演员协会中为数不多的动物之一，作为这部标志性电影的一部分，它一度引起轰动。“格特鲁德奖”是对格特鲁德和你作为“蚯蚓人”的杰出成就的恰当致敬，这证明了你的成就，摆在壁炉上再好不过了。没有多少人获得过格特鲁德奖，因为只有极少数人踏上过通往地心的非凡之旅。

欢迎来到蚯蚓人精英俱乐

部，在此请记住与他人分享你的旅行发现。* 生活中的一大乐趣就是跟别人讲述你的故事，描述你的经历。而最好的故事总是来自那些亲身经历过的人。

* 作为经验分享的一部分，你的反馈对我们很重要。完成旅程并获得了格特鲁德奖后，你将获得一个独家代码，登录我们的门户网站，针对本次旅行留下你的宝贵建议或意见。你也可以在热门旅游网站上发表评论，希望能激励其他人也来尝试地心之旅。

索 引
Index

H

I

J

K

L

M

S

T

U

V

图片版权

除以下图片，全书插图或图片均由戴安娜·劳（Diane Law）绘制。

隧道掘进机（第 6 页）：cooper.ch via Creative Commons/ 横截面（第 9 页）：Dreamstime / 玄武岩（第 14 页）：Ashley Dace/CC / 地球（第 11、49 页）：Dreamstime / 三维地球模型（第 16、18、19、137 页）：courtesy of Fabio Crameri, Centre of Earth Evolution and Dynamics (CEED), University of Oslo / 地幔截面（第 17 页）：Adapted from USGS / 板块图（第 24 页）：adapted from USGS / 奥尔德姆和莱曼（第 29 页）：Public domain / 地球动力学模型（第 33 页）：Dr. Gary A. Glatzmaier - Los Alamos National Laboratory-UCSC-NASA / 斯奈德·佩莱格里尼·魏内格地图（第 35 页）：USGS / 洋脊（第 36 ～ 37 页）：Shutterstock / 的里亚斯特号（第 44 页）：Public domain / 钦博拉索火山（第 47 页）：Francesco Ballo / 大气层（第 51 页）：NASA / 达洛尔（第 52 页）：Waltatekie/CC / 大陆地图（第 54、55 页）：NASA / 钻石（第 57 页）：Swamibu/CC / 化石（第 59 页）：Richard Wheeler/CC / 锡尔夫拉湖（第 60 页）：Diego Delso / 照片（第 61、64、69、103、126、127、131、133、153 页）：Supplied by Dougal Jerram / 裂谷图（第 62 页）：NASA/“大力神号”（第 63 页）：NOAA Picture Library/Public domain / 沃斯托克湖的艺术印象（第 67 页）：Nicolle Rager-Fuller, NSF / 地球磁场（第 79 页）：adapted from NASA / 熔岩（第 81 页）：Hawaii Volcano Observatory (DAS) / 大彗星（第 83 页）：E.Weiss / 智利（第 86 页）：Claudio Núñez / 岩浆（第 88 页）：Shutterstock / 太阳（第 91 页）：NASA/SDO / 鹅卵石（第 95 页）：Sean the Spook/CC / 马鲁姆火山（第 99 页）：Geophile71/CC / 马蹄湾（第 101 页）：Paul Hermans/CC / 让 - 巴蒂斯特·路易·罗梅德·莱斯利的晶体模型，1783（第 104 页）：Collection Teylers Museum, Haarlem (the Netherlands) / 山脉（第 109 页）：Shutterstock / 克拉通（第 113 页）：James St John/CC / 三叶虫（第 123 页）：Vassil/CC / 珊瑚（第 125 页）：Toby Hudson/CC / 鲨鱼（第 134 页）：Mark Conlin, SWFSC Large Pelagics Program / 火

山（第 139 页）：G.E. Ulrich, USGS / 超级海隆（第 142 ～ 143 页）：Sanne.cottar/CC / 冰岛地幔柱图（第 146 页）：courtesy of Trond Torsvik, CEED, University of Oslo / 地球上的对跖点图（第 149 页）：in Lambert Azimuthal Equal-Area projection（by Citynoise, Wikimedia commons）/ 乌鲁鲁（第 150 页）：Stuart Edwards / 香槟酒（第 154 页）：Shutterstock

图书在版编目（CIP）数据

如何漫游地心 /（英）杜格尔 · 杰拉姆著；那丹妮译. -- 北京：北京联合出版公司，2023.1
ISBN 978-7-5596-6334-4

Ⅰ. ①如… Ⅱ. ①杜… ②那… Ⅲ. ①地球科学－普及读物 Ⅳ. ①P-49

中国版本图书馆CIP数据核字（2022）第121294号

The Centre of the Earth: The Traveller's Guide **by Dougal Jerram**
Created by Hugh Barker for Palazzo Editions Ltd
Cover art and illustrations by Diane Law

审图号：GS 京（2022）1406 号

如何漫游地心

[英]杜格尔 · 杰拉姆（Dougal Jerram） 著
那丹妮 译

出 品 人：赵红仕　　　　责任编辑：周　杨
出版监制：刘　凯　赵鑫玮　　封面设计：奇文云海
选题策划：联合低音　　　　内文排版：黄　婷
特约编辑：王冰倩

关注联合低音

北京联合出版公司出版
（北京市西城区德外大街83号楼9层　100088）
北京联合天畅文化传播公司发行
北京美图印务有限公司印刷　新华书店经销
字数101千字　787毫米 × 1092毫米　1/32　5.25印张
2023年1月第1版　2023年1月第1次印刷
ISBN 978-7-5596-6334-4
定价：60.00元